授業の理解から入試対策まで

よくわかる生物基礎

赤坂甲治　東京大学大学院理学系研究科教授

まえがき

　私たちは生きています。生きているということは、どういうことでしょうか。45億年前に地球に生命が誕生しました。現在生きている生物は、細菌や植物、ヒトを含めて、すべてその共通の祖先から命を引き継いでいます。したがって、命のしくみはどの生物もほとんど共通しています。共通のしくみで営まれている生命ですが、人間が名前をつけた生物だけでも180万種もいます。どのように多様な生物が進化してきたのでしょうか。

　生物基礎では、生命のしくみを理解するための基礎を学びます。理科の中でも「生物」は、私たちに最も身近な分野です。

　人間は環境の中で活動しています。環境は、空気や水のような非生物的環境ばかりでなく、生物も環境の構成要素です。生物たちも食べたり食べられたり、侵入したり、侵入を防御したり、互いに影響を及ぼし合っています。また、生物は非生物的環境にも影響を与えています。もちろん、人間の活動は環境に大きな影響を与えており、環境の変化は人間にも大きな影響を与えます。多様な生物と環境とのかかわり合いを理解することは、人類が生存できる環境を保全するためにも重要です。

　生物も宇宙の物理法則にしたがって生きています。整然と区画化されたものは、常に雑然に向かうという法則です。岩は風化していずれ砂になります。生物も、生きていれば一定の形を保てますが、死ねば朽ちて土になります。生命活動にはエネルギーが必要です。生命活動に使われるエネルギーのほぼすべては太陽から供給されています。太陽の物理的状態も徐々に雑然とした方向に向かっており、その時に放出されるエネルギーが太陽光です。植物は太陽光エネルギーを利用して化学エネルギーをつくり出し、そのエネルギーを利用してすべての生物が生きています。その巧妙なしくみを学びましょう。

　この本は、現役の生物学研究者の視点から書きました。『マイベスト生物基礎』が生物学への扉となり、自分自身を知り、自分と環境とのかかわりを学んでいただければと思います。

赤坂甲治

本書の使い方

1 学校の授業の理解に役立ち、
基礎から入試レベルまでよくわかる参考書

　本書は、高校の授業の理解に役立つ生物基礎の参考書です。教科書で学習する内容を見やすい章立てにまとめ、わかりやすく解説しているので、授業の予習や復習に最適です。

　各章末には「この章で学んだこと」として、各章の学習内容を簡潔にまとめています。学習内容の全体像が把握できるため、理解の定着を助けます。また、テスト前に短時間で要点をチェックする際にも役立ちます。

　本書は、各章の詳しい解説を読んで内容を理解し、各章末に設けられた問題を解いて基礎力を練成し、大学入試やセンター試験に向けて効果的に学習できるように構成されています。

2 図や表、写真が豊富で、見やすく、わかりやすい

　カラーの図や表、写真を使うことで、学習内容のイメージがつかみやすく、視覚的にも記憶しやすくなっています。

3 キーワードや学習のポイントが一目でわかる

　各章のキーワードが一目でわかるよう、重要な単語は文字の太さや文字色を変えて強調しています。

　また、各項目を理解するためのキーポイントを POINT としてわかりやすく提示しました。おさえるべき内容を整理するのに役立ちます。

4 確認テスト や センター試験対策問題 で学習の理解度をチェック

　解説を読んだあと、各章末に設けられた 確認テスト を解くことで、理解した内容の定着をはかることができます。また、 センター試験対策問題 にチャレンジすることにより、入試問題を解く実力をつけることができます。

　各問題にはわかりやすく詳細な解答・解説がついているので、学習者が一人でも学習できるようになっています。学習者がつまづきやすい問題には、問題を解くための手がかりを POINT として解説を加えています。

5 補足 ・ 参考 ・ コラム で関連事項にふれ、知識を深められる

　 補足 と 参考 では、知っておくと役に立つ事柄を解説し、 コラム では、生物学を身近に感じてもらえるような話題を盛り込んでいます。関連事項を理解することで知識を深め、学習の助けになります。

　なお、本書には、 発展 として教科書の学習範囲を超える内容が含まれています。自分の興味・関心に応じて更に進んだ内容を勉強することができます。

CONTENTS もくじ

まえがき ……………… 2
本書の使い方 ……………… 3

第1部 生物の特徴　　7

第1章 生物の共通性と多様性　　8

1　進化と生物の多様性 ……………… 9
2　生物の共通性 ……………… 11
3　生物体を構成する細胞 ……………… 14
　確認テスト1 ……………… 31

第2章 細胞とエネルギー　　33

1　生命活動とエネルギー ……………… 34
2　呼吸と光合成 ……………… 41
　確認テスト2 ……………… 49
　センター試験対策問題 ……………… 51

第2部 遺伝子とその働き　　55

第1章 遺伝情報とDNA　　56

1　遺伝子とDNA ……………… 57
2　DNAの構造 ……………… 61
3　遺伝子とゲノム ……………… 63
　確認テスト1 ……………… 67

第2章 遺伝子とその働き　69

1 DNAの複製　70
2 遺伝情報の分配　71
　確認テスト2　75

第3章 遺伝情報とタンパク質の合成　77

1 遺伝情報とRNA　78
2 転写　80
3 翻訳　82
4 タンパク質のさまざまな働き　85
5 遺伝子の発現と生命活動　86
　確認テスト3　89
　センター試験対策問題　91

第3部 生物の体内環境の維持　95

第1章 体内環境と恒常性　96

1 恒常性とは　97
2 体液とその成分　98
3 体液の恒常性　105
　確認テスト1　110

第2章 体内環境の維持のしくみ　112

1 神経系と内分泌系　113
2 自律神経による調節　114
3 ホルモン　116
　確認テスト2　126

第3章 免疫　128

1 生体防御 ……………………………… 129
2 体液性免疫 …………………………… 131
3 細胞性免疫 …………………………… 137
4 免疫にかかわる疾患 ………………… 139
　確認テスト3 ………………………… 142
　センター試験対策問題 ……………… 144

第4部 生物の多様性と生態系　147

第1章 植生の多様性と分布　148

1 さまざまな植生 ……………………… 149
2 遷移 …………………………………… 155
3 気候とバイオーム …………………… 159
　確認テスト1 ………………………… 166

第2章 生態系とその保全　168

1 生態系とは …………………………… 169
2 物質循環とエネルギーの流れ ……… 172
3 生態系のバランスと保全 …………… 177
　確認テスト2 ………………………… 186
　センター試験対策問題 ……………… 188

解答・解説 …………………… 191
さくいん ……………………… 206

第1部

生物の特徴

この部で学ぶこと

1 生物の進化と多様性
2 生物の共通性
3 生物体を構成する細胞
4 細胞の構造と細胞小器官の働き
5 細胞の観察方法
6 代謝とエネルギー
7 同化と異化
8 酵素の働き
9 呼吸のしくみ
10 光合成のしくみ

BASIC BIOLOGY

第1章
生物の共通性と多様性

> この章で学習するポイント

- □ 生物の共通性と多様性
- □ 生物の進化と系統樹
- □ 生物に共通する特徴
- □ 生物の体の階層性

- □ 生物体を構成する細胞
- □ 細胞とは何か
- □ 単細胞生物と多細胞生物
- □ 細胞の構造
- □ 原核細胞と真核細胞
- □ 細胞小器官の働き
- □ 細胞の観察方法

1 進化と生物の多様性

　地球上には，顕微鏡でしか見ることができない小さな細菌から，体長が20 mを超える動物のクジラ，高さが100 mにもなる樹木のセコイアなどさまざまな生物がいる。**これらの多様な生物は，すべて共通の祖先から生じてきた**。これまでに知られている生物種の数は約180万種であるが，これは研究者が学術誌に記載した数であり，実際には1億種以上いると予想されている。

　親のもつ形態や機能といった形質が，子やそれ以降の世代に現れる現象を**遺伝**といい，集団内において遺伝する形質が変化することを**進化**という。遺伝する形質のもとは**遺伝子**であり，DNA（→p.57）の塩基配列（→p.62）が遺伝子の情報を担っている。DNAの塩基配列が変化すると遺伝子の情報が変化し，形質が変わる。進化は遺伝的な性質の変化が累積して起きる。遺伝的な性質の変化は一様ではなく，その結果，さまざまな形質が生じ，さらに変化と淘汰を繰り返しながら新しい世代へとつながってゆく。生物が進化してきた経路をもとにした，種や集団の類縁関係を**系統**という。進化経路を一本の幹から枝分かれしている樹木に例えて図にしたものを**系統樹**という。

 種とは何か

　マイア（1940〜1969）による「生物学的種概念」では，「相互に交配しあい，かつ他の集団から生殖的に隔離されている自然集団の集合体」として種が定義されている。形態がよく似ているウマとロバが交配すると子孫はできる。しかしその子孫は稔性*ではない。したがって，マイアの定義によればウマとロバは別種となる。一方，非常に小さいチワワと，大きく形態も異なるシェパードが交配すると稔性の子孫が生じる。そのため，チワワとシェパードは同じイヌという種に分類される。概ねマイアの概念があてはまるが，異なる種として定義されている種間でも，まれに交配して生じた子孫が稔性であることもある。

＊交配して子孫をつくる力があること。

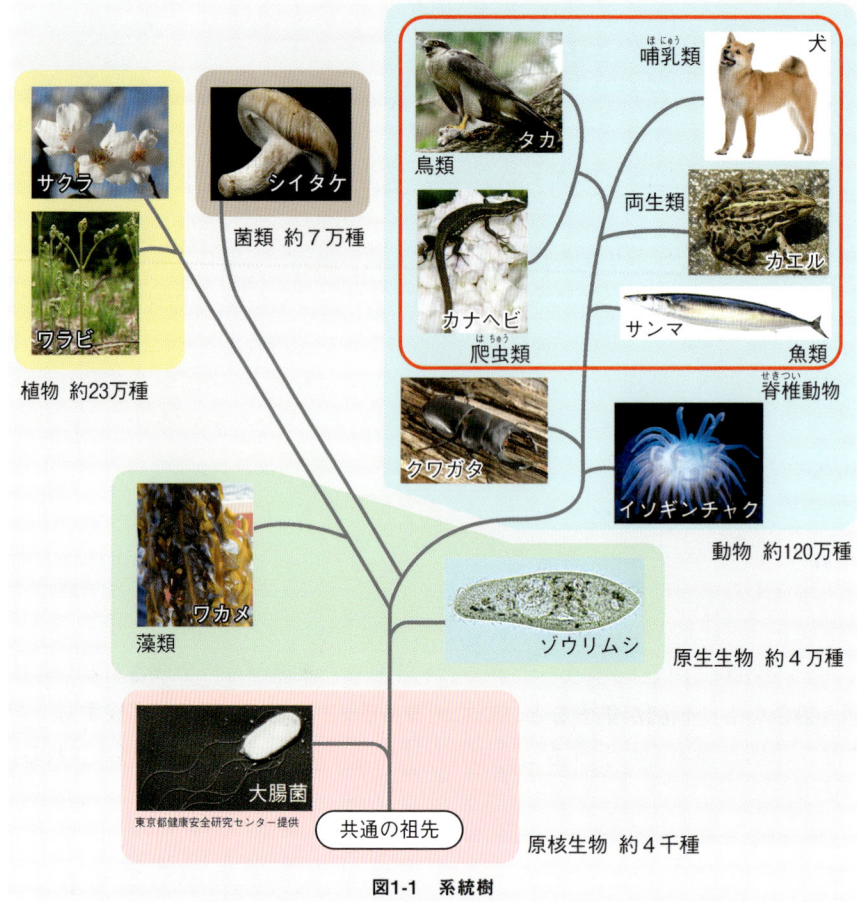

図1-1 系統樹

コラム 新種を発見したら…

　普段，私たちが目にするほとんどの生物には名前がつけられている。しかし，実際には名前がない生物というものはたくさん存在する。新種を発見するのは意外と簡単なのだが，新種であることを証明するには大変な作業が必要だ。新種として認定されるには，発見した生物が「タイプ標本」と明らかに異なることを証明し，専門の学会で認められなくてはならない。タイプ標本とは，ある生物種の基準となる標本のことである。一つの種のタイプ標本は世界に一つしかなく，世界のどこかの博物館か大学に大切に保管されている。この認定作業は大変な労力を要するため，新種として登録できていない生物がたくさんいる。間違った分類や新種登録は，学術の発展の妨げになるため，厳しい審査が必要なのだ。

2 生物の共通性

1 生物に共通する特徴

多様な生物が存在するが，生物には以下のような共通する特徴がある。
- 細胞を単位として形づくられており，細胞の基本的な構造は共通する。
- 生殖により，自身とほぼ同じ形質の子をつくる。
- 親の形質は遺伝子によって子に伝えられる。
- 生命活動のために，エネルギー通貨である **ATP**（→p.36）を合成し，利用する。
- 環境からの刺激に応答し，体の状態を調節する。

2 生物の階層性

多細胞生物の体は，分子，細胞，組織，器官，個体といった，いくつもの階層構造をもつものとしてとらえることができる。

タンパク質や脂質などの分子が組み合わさると，細胞構造が形成される。同じ形と働きをもつ細胞が集まると，結合組織や筋組織などの**組織**を構成する。さらに，組織が組み合わされることにより，腎臓や眼などの**器官**が形成される。器官の働きが統合されると**個体**となり，個体は他の生物や環境も含めた**生態系**の一員となる。

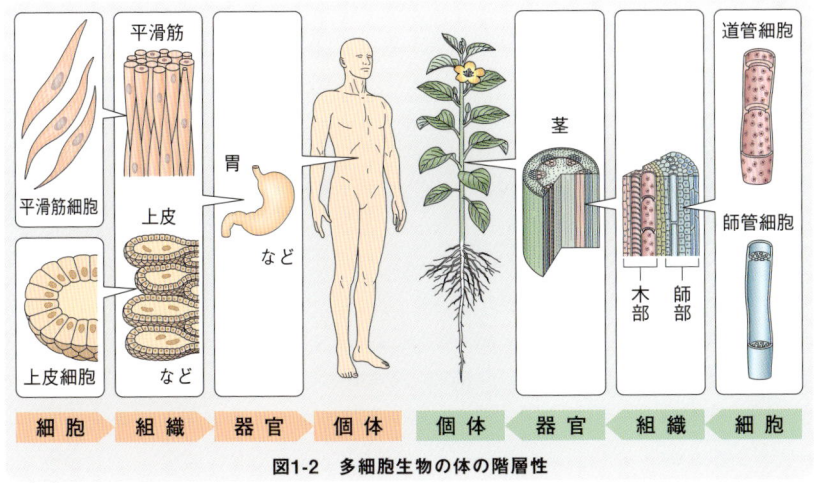

図1-2　多細胞生物の体の階層性

体の構造の共通性

1 動物に共通する体の構成

動物の組織は，形態や機能により**上皮組織**，**結合組織**，**筋組織**，**神経組織**の4つに分けられる。

上皮組織→体の表面や体の中にある器官の表面にある。体の中と外，他の器官との境界になっている。**外分泌腺**や**内分泌腺**があり，それらから分泌される物質は**恒常性**（→p.97）にかかわる。

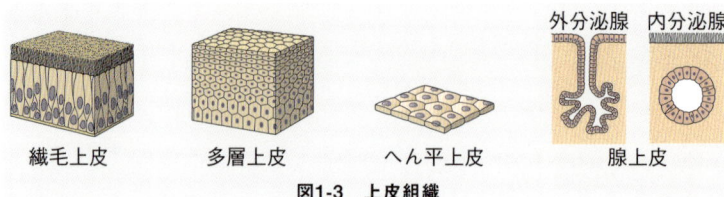

図1-3　上皮組織

結合組織→組織や器官の間にあり，体構造の支持にかかわっている。血液は結合組織に分類される。

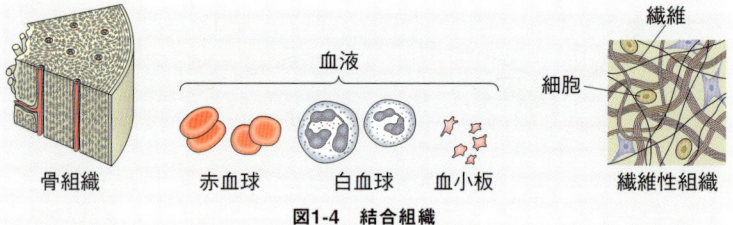

図1-4　結合組織

筋組織→運動を担う。骨格筋と心筋を構成する横紋筋，腸など内臓の筋肉を構成する平滑筋がある。

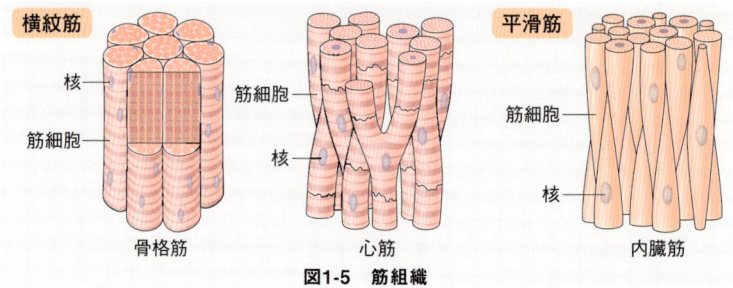

図1-5　筋組織

神経組織→すばやい情報伝達にかかわり，神経細胞と支持細胞からなる。神経細胞は細胞体，樹状突起，軸索で構成されている。

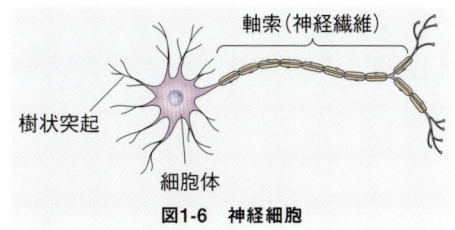

図1-6　神経細胞

2 植物に共通する体の構成

　植物体は，細胞分裂が盛んな**分裂組織**と，分裂組織から形成された**組織系**に大別される。分裂組織は，茎や根の先端にある**頂端分裂組織**と，**維管束**の中の**形成層**にある。頂端分裂組織は植物体の伸長成長にかかわり，形成層は茎や根の肥大成長[*]にかかわる。　　*伸びるのではなく，太くなる成長。

　植物体の葉，茎，根の器官は3つの組織系で構成される。体の表面には**表皮系**が，体の内部には水や養分の通路となる**維管束系**がある。表皮系と維管束系以外の組織をまとめて**基本組織系**という。

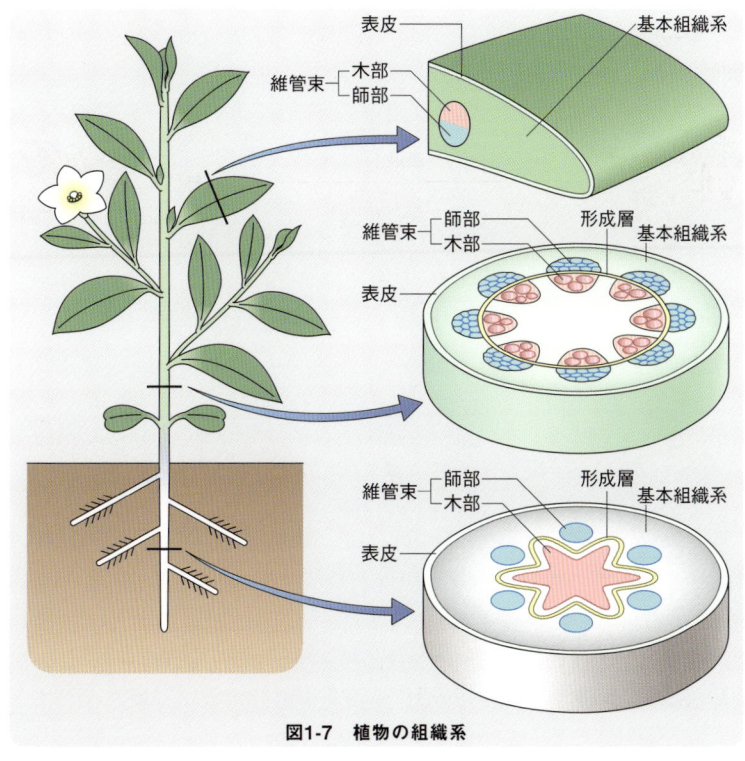

図1-7　植物の組織系

第1章　生物の共通性と多様性

3 生物体を構成する細胞

すべての生物は細胞を単位としてできている。細胞とは，**細胞膜**に囲まれることで外部と隔てられ，内部には染色体や生命の維持に必要な物質をもつ機能的基本単位である。

1 生命の単位

顕微鏡が開発されると，生物体の微細な構造を観察することができるようになった。**ロバート・フック**(英)はコルクの薄片を顕微鏡で観察したとき，ハチの巣のように壁で仕切られた小さな部屋があることに気付き，この部屋を**細胞**(Cell：小部屋の意味)と名付けた(1665年)。

(補足) コルクは，コルクガシというブナ科の樹木のコルク組織を乾燥させたものである。コルク組織は樹木の表皮のすぐ内側にある。ロバート・フックが見たのは，死んだ細胞の**細胞壁**だった。

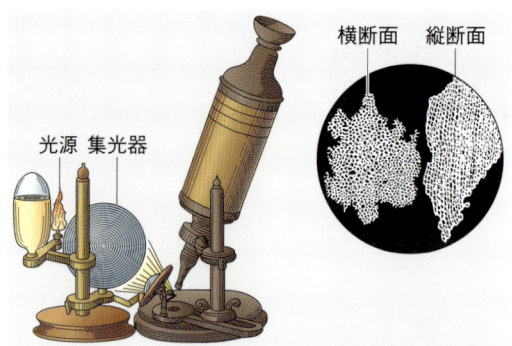

図1-8 フックの顕微鏡とコルク切片の顕微鏡像

19世紀になると，顕微鏡の性能が向上し，細胞の中は単なる中空ではないことが明らかになってきた。**シュライデン**(独)は1838年に植物について，**シュワン**(独)は1839年に動物について，それぞれ「生物の体は細胞でできている」と提唱し，**細胞が生物体の基本単位である**という**細胞説**が生まれた。

その後，1852年にレマーク(独)が，細胞の増殖は細胞の分裂によると主張し，1855年にフィルヒョーが「すべての細胞は細胞からできる(どの細胞も細胞分裂でできる)」と発表して，細胞説が広く認められるようになった。

2 単細胞生物と多細胞生物

生物には，一つの細胞で構成される**単細胞生物**と，複数の細胞で構成される**多細胞生物**がある。多細胞生物は，上皮細胞や筋細胞など体を構成する**体細胞**と，生殖のための特別な細胞である**生殖細胞**からなる。

Ⓐ 単細胞生物

池の水をとって顕微鏡で観察すると，小さな生物が泳いでいるのがわかる。ゾウリムシ（200 μm）やミドリムシ（65 μm），クラミドモナス（20 μm）は**細胞１つで生活する**単細胞生物である。単細胞生物の中には，オオヒゲマワリ（ボルボックス）のように複数の細胞が集まって**細胞群体**をつくるものもある。

光学顕微鏡では，ほとんど点にしか見えない大腸菌や乳酸菌などの**細菌**（1 μm〜4 μm）も単細胞生物である。

補足1 $1 \mu m = 1 \times 10^{-6} m = \frac{1}{1000} mm$，$1 nm = 1 \times 10^{-9} m = \frac{1}{1000} \mu m$

補足2 **ウイルス**（20 nm〜100 nm）は細胞の構造をもたないため，厳密には生物とはいえない。しかし細胞に感染して増殖することができる。

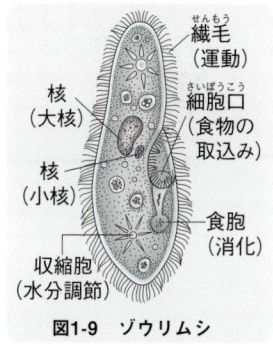

図1-9 ゾウリムシ

図1-10 オオヒゲマワリ

Ⓑ 多細胞生物

ヒトの体は60兆個もの細胞でできており，上皮細胞，神経細胞，筋細胞など**細胞の種類は200種**に及ぶ。細胞には役割に応じてさまざまな形や大きさがある。例えば，骨格筋は多数の細胞が融合し，収縮に適した１つの長い細胞をつくっている。そして，その径は10 μm〜100 μm，長さは数 cm もある。神経細胞も長いものが多く，ヒトの坐骨神経では，軸索とよばれる突起は1 m にも及ぶ。生殖細胞である卵は，さまざまな物質を蓄積していることもあり，比較的大きく約140 μm もある。

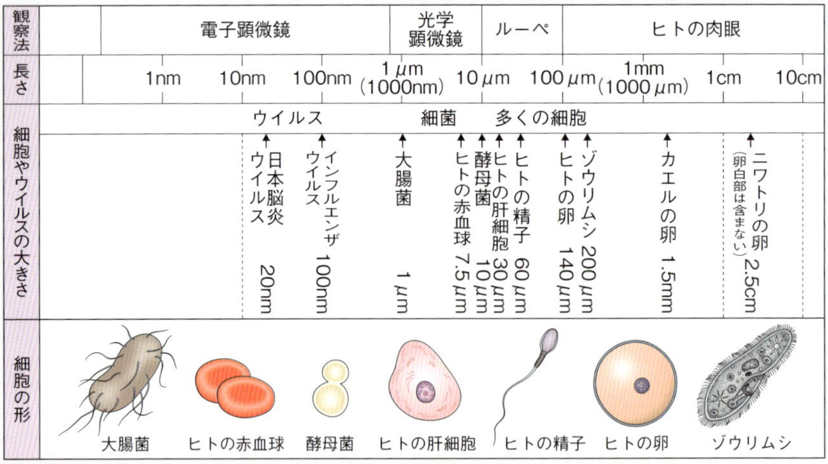

図1-11　さまざまな細胞の大きさと形

> **POINT**
> - すべての生物は細胞を単位としてできている。
> - 「細胞が生物体の基本単位である」という考えを**細胞説**とよぶ。
> - 多細胞生物の体は，体を構成する**体細胞**と生殖のための細胞である**生殖細胞**からなる。

3 細胞の構造

　細胞は**細胞膜**によって囲まれ，細胞の中に外界とは異なる環境をつくっている。細胞膜とその内部をまとめて**原形質**とよぶ。細胞には，核をもつ**真核細胞**と，核をもたない**原核細胞**がある。

Ⓐ 真核細胞

　細胞には通常，**核**とよばれる球形の構造が一つある。核の最外層に**核膜**があり，核膜の内側に**染色体**がある。**染色体には遺伝情報を担うDNAが含まれる**。核をもつ細胞を**真核細胞**という。体が真核細胞でできている生物を**真核生物**といい，動物や植物は真核生物である。

❺真核細胞の構造

真核細胞にはさまざまな特有の働きや構造をもつ**細胞小器官**がある。細胞のほぼ中央にある球状の細胞小器官が**核**である。原形質のうち，核以外の部分を**細胞質**という。細胞小器官の間をうめる，構造がみられない部分は**細胞質基質**という。

植物の細胞には，細胞膜の外側に**細胞壁**がある。細胞壁は主にセルロースなどの繊維状の物質からなり，細胞の形の維持や細胞を保護する働きがある。

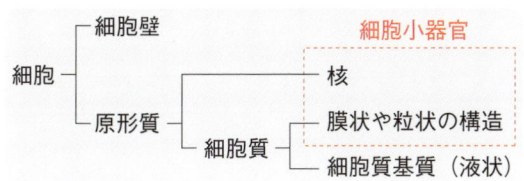

❻原核細胞とその構造

核をもたない細胞を**原核細胞**という。原核細胞でできている生物を**原核生物**といい，細菌は原核生物に属する。原核生物の染色体は核膜に包まれない状態で細胞質に存在する。原核細胞も植物と同様に細胞膜の外側に細胞壁をもつ。

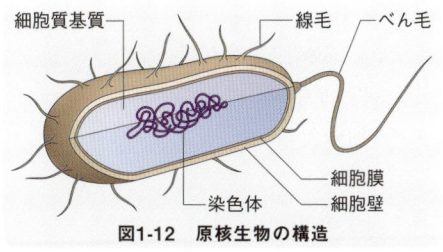

図1-12　原核生物の構造

原核細胞の構造は真核細胞に比べると単純であり，細胞の内部に細胞小器官をもたない。しかし，細胞の中にミトコンドリア(→p.20)と同じ働きをする構造をもつ。また，**シアノバクテリア**(ラン藻)は，葉緑体(→p.20)と同じ働きをする構造をもち，光合成を行うことができる。

（補足）シアノバクテリアと細菌は，学術的には異なるグループに分類されるが，ともに原核生物であり，『生物基礎』ではまとめて細菌として分類する。

> **POINT**
>
> 真核生物の細胞は核をもち，染色体が核膜に包まれている。原核生物の細胞は核をもたず，染色体はむき出しの状態になっている。

第1章　生物の共通性と多様性　17

4 細胞小器官

　細胞の微細な構造を観察するには顕微鏡が用いられる。細胞小器官は，ふつう無色透明であり見ることができないが，染色したり屈折率の違いを利用すると識別できる。可視光を用いる**光学顕微鏡**は，さまざまな色を識別して観察できる特徴があり，**分解能**(識別できる2点の間の最小距離)は約 0.2 μm である。電子線を用いる**電子顕微鏡**は色の識別はできないが，分解能は光学顕微鏡の1000倍もあり 0.2 nm 以下まで観察できる。

（補足）光学顕微鏡では見えにくい構造や，電子顕微鏡でしか見ることができない微細な構造については『生物』で学ぶ。

A 核

　通常，真核細胞は一つの核をもつ。直径 10〜20 μm が多い。核の最外層には**核膜**があり，核膜によって核の内部と細胞質は仕切られている。核には**染色体**があり，染色体は遺伝情報を担う DNA をもつ。**核は細胞の生存と増殖に必要であり，形質の発現にかかわる。**

　染色体は**酢酸カーミン**などの塩基性色素によく染まる。細胞分裂期以外は核の中に分散して存在しており，個々の染色体は区別がつかない。しかし，細胞分裂期には凝集して光学顕微鏡で見える棒状の染色体になる。

（補足）核は細胞の中央にある構造という意味で名付けられた。ヒトの体を構成する細胞は46本の染色体をもつ。

発展　核の構造

　電子顕微鏡で核を観察すると，核膜は二重の膜でできていることがわかる。核膜には，**核膜孔**とよばれる穴がいくつも開いており，核膜孔を通じて，核の中と細胞質との間を物質が行き来している。また，核には1〜数個の**核小体**とよばれる構造がある。

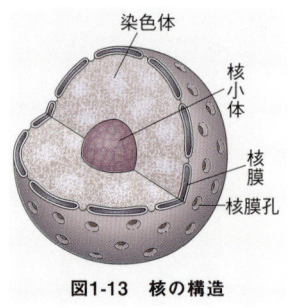

図1-13　核の構造

参考　核の働きを調べる実験

1 アメーバを使った実験

単細胞生物のアメーバを，核をもつ部分と核をもたない部分の2つに切り分ける実験をした。その結果，核をもつ細胞片は活動を続け，成長してもとの大きさに戻り，やがて分裂した。一方，核をもたない細胞片は成長することなく，やがて活動を停止し，死んだ。核をもたない細胞片でも，核を移植すると成長してもとの大きさに戻り，分裂した。この実験から，無核の細胞片は生命活動を維持できないことがわかる。また，無核となった細胞片でも，核を移植すると成長を再開し，分裂して生命を持続させることから，核は細胞の生存と増殖にかかわることがわかる。

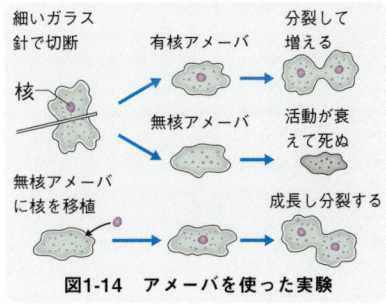

図1-14　アメーバを使った実験

2 カサノリの仮根(かこん)の移植実験

カサノリは海で生育する単細胞生物である。細胞にはカサ，柄(え)，仮根の3つの構造があり，核は仮根にある。カサの形は系統により異なっている。A型の仮根にB型の柄を継ぐと，はじめは中間型のカサを生じる。柄の部分に残っていたB型の核の影響を受けるためである。しかし，中間型のカサを除くと，次にできるカサはA型のものである。今度はA型の核からの影響しか受けないためである。AとBを逆にして実験した場合も，同様のことが起こる。このことから，核にはカサの形を決める働きがあることがわかる。

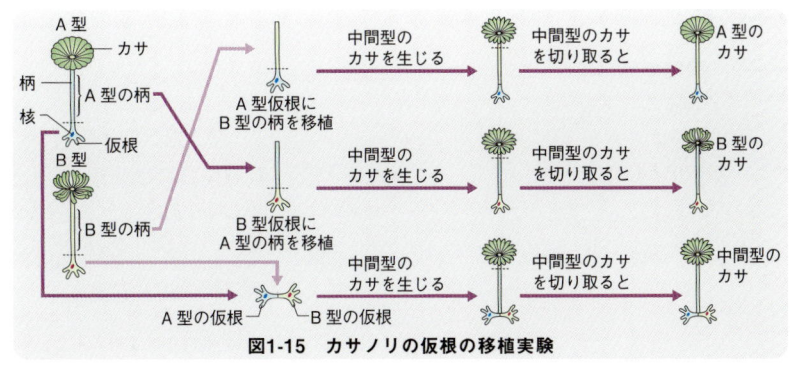

図1-15　カサノリの仮根の移植実験

Ⓑ ミトコンドリア

長さ 1 μm ～ 10 μm，太さ約 0.5 μm の粒または棒状の構造をしている。**呼吸を行う場**であり，酸素を消費して有機物を分解し，ATP の形でエネルギーを取り出している。酸素消費量の多い代謝が活発な細胞に多く存在し，肝臓では細胞あたり約 2500 個含まれている。

Ⓒ 葉緑体

光合成を行う細胞小器官であり，多くの植物の細胞にみられる。直径 5 μm ～ 10 μm，厚さ 2 μm ～ 3 μm の粒状の構造をしており，細胞あたり数十～数百個含まれる。光合成色素である**クロロフィル**をもつ。

> 補足　根などの白色の部分の細胞には，葉緑体に似ているが色素をもたない**白色体**がある。白色体にはデンプンの合成と蓄積を行う働きがある。ニンジンの根などには色素を含む**有色体**がある。葉緑体，白色体，有色体をあわせて**色素体**とよぶ。

発展　ミトコンドリアと葉緑体の構造

ミトコンドリアの構造

ミトコンドリアは染色色素のヤヌスグリーンによって特異的に染色されるため，光学顕微鏡で見ることができる。二重の生体膜で構成されており，内側の膜を**内膜**，外側の膜を**外膜**という。内膜はひだのような突起になっており，これをクリステという。内膜には ATP を合成するための酵素が含まれている。内膜の内側は**マトリックス**とよぶ。

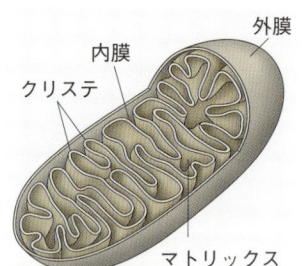

図1-16　ミトコンドリアの構造

葉緑体の構造

葉緑体は，外膜と内膜に包まれた構造をしており，内膜の内側に**チラコイド**とよばれるへん平な袋状の構造をもつ。チラコイドは**チラコイド膜**で囲まれており，**クロロフィルはチラコイド膜に含まれている**。葉緑体内膜の内側でチラコイド以外の部分を**ストロマ**という。

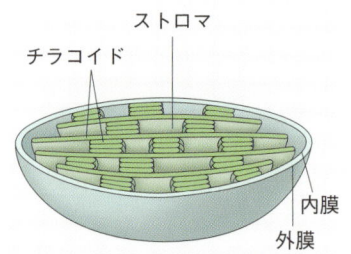

図1-17　葉緑体の構造

D 液胞

成長した植物細胞で発達している。**液胞膜**で囲まれており，中は**細胞液**で満たされている。植物では，細胞の成長にともない，細胞の体積に占める割合が大きくなる。**細胞内の水分含量の調節や，老廃物の貯蔵**にかかわっている。動物細胞にはほとんどみられず，あっても小さい。

補足 細胞液に，有機物や無機塩類のほか，赤・青・紫などの**アントシアン**とよばれる色素を含む細胞もある。赤シソの葉や赤キャベツの色は細胞液のアントシアンの色である。

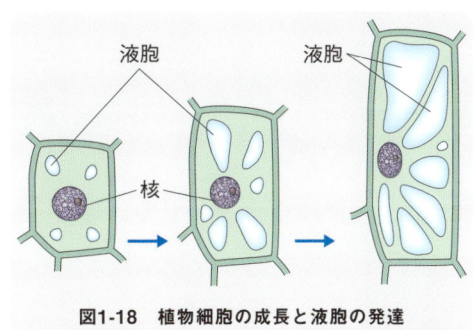

図1-18 植物細胞の成長と液胞の発達

> **POINT**
>
> 光学顕微鏡で観察できる細胞小器官には，核，ミトコンドリア，葉緑体，液胞などがある。
> **核**→遺伝情報を担う DNA を内部にもつ。
> **ミトコンドリア**→ ATP をつくる。
> **葉緑体**→光合成を行う。
> **液胞**→水分含量の調節などにかかわる。

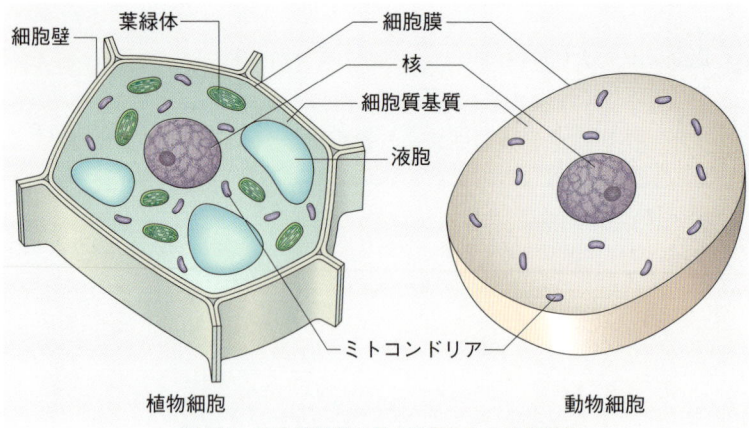

図1-19 光学顕微鏡で見た真核生物の細胞構造

コラム 真核生物は大企業!?

　真核生物の細胞は，細胞の中を膜で区画化し，細胞小器官を進化させた。細胞小器官はそれぞれ専門的な役割を果たしており，細胞小器官が連携することにより，より効率的な生命活動ができるようになった。原核生物は細胞小器官をもたないが，一つの区画の中ですべての生命活動を行っている。例えるならば，原核生物は，開発，製造，営業，販売のすべてを一人で行っている会社，真核生物は，専門的な部署が分業している大企業ということができる。

　原核生物は単純なため，個々はほとんど環境に対して適応せず，栄養などの環境が悪くなると多くは死滅する。一部は休眠状態に入り，耐え続け，環境がよくなると再び爆発的に増殖する。一方，真核生物の多くは，爆発的な増殖はしないが，恒常性を維持し，環境の変化に適応しながら生きている。

発展　主に電子顕微鏡で観察される細胞小器官

解像度のよい光学顕微鏡や，電子顕微鏡を用いなければ見ることができないが，生命活動に重要な働きをしている細胞小器官がある。

1 ゴルジ体

動物細胞では，へん平な袋が重なった構造をしており，袋の中には細胞外に分泌されるタンパク質が入っている。活発に分泌を行う細胞ではゴルジ体はよく発達している。ゴルジ(伊)が開発した銀染色という染色法で染めることができ，まとまった構造をとる動物細胞では光学顕微鏡で見ることができる。

植物細胞にもゴルジ体はあるが，まとまった構造ではなく，細胞質に分散しているため見えにくい。

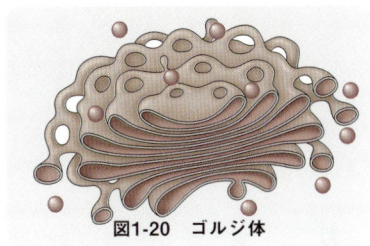
図1-20　ゴルジ体

2 中心体

粒状の中心粒とそれを取巻く不定形の構造を合わせて中心体という。細胞分裂では，中心体が2つに分かれ，それぞれ核の反対側に移動する。動物細胞では，紡錘体*の形成にかかわる。植物ではコケ植物やシダ植物などの精子をつくる細胞にみられる。

*染色体の分離に関与する構造体。

中心体は，染色色素の鉄ヘマトキシリンで濃く染まる構造として，光学顕微鏡で観察される。

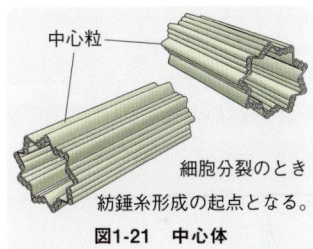
図1-21　中心体

3 リボソームと小胞体

リボソームは微小な粒状の構造であり，**タンパク質の合成の場**となる。小胞体は核膜とつながった膜構造をとり，膜からなるへん平な袋状の構造をもつ。小胞体の中にはリボソームが結合しているものもある。細胞膜のタンパク質や細胞外に分泌されるタンパク質は，小胞体に結合したリボソームで合成される。一方，細胞質基質や核，ミトコンドリア，葉緑体で働くタンパク質は，遊離したリボソームで合成される。

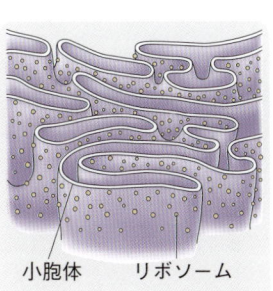
図1-22　リボソームと小胞体

発展　電子顕微鏡で見た細胞の構造のまとめ

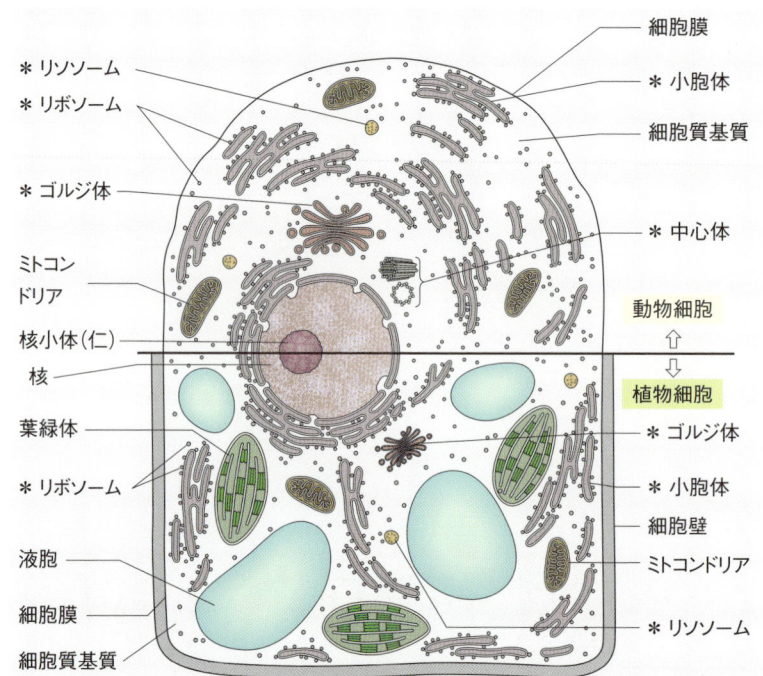

（*は電子顕微鏡を用いないと観察できない）
図1-23　電子顕微鏡で見た細胞の構造

　動物細胞には，植物細胞にある葉緑体や細胞壁はない。植物細胞のゴルジ体は分散しているため光学顕微鏡では見えにくい。中心体はおもに動物細胞にみられ，高等植物には存在しないが，繊毛やべん毛をもつ一部の植物細胞には存在する。また，液胞は，植物細胞では大きく発達するが，正常な動物細胞では発達しない。リソソームは物質の分解にかかわる。

発展　小胞体とゴルジ体の働き

　小胞体とゴルジ体は，**細胞外に分泌されるタンパク質の輸送にかかわる**。遺伝子の大部分はタンパク質の情報をもっており，遺伝子の情報をもとに細胞質でタンパク質が合成される。細胞外にタンパク質が分泌されるまでには次の過程を経る。

1. 核の中で，遺伝子の情報が **mRNA**（→p.78）として写し取られる。
2. mRNA が細胞質に移動する。
3. リボソームが mRNA と結合する。
4. mRNA の情報をもとに，リボソームでタンパク質が合成される。
5. タンパク質が小胞体の中に入る。
6. 小胞体の一部がタンパク質を含む小胞として分かれる。
7. 小胞がゴルジ体と融合する。
8. ゴルジ体にタンパク質が蓄積され，一部が小胞として分かれる。
9. 小胞が細胞膜に移動して，細胞膜と融合する。
10. 小胞内のタンパク質が細胞外に分泌される。

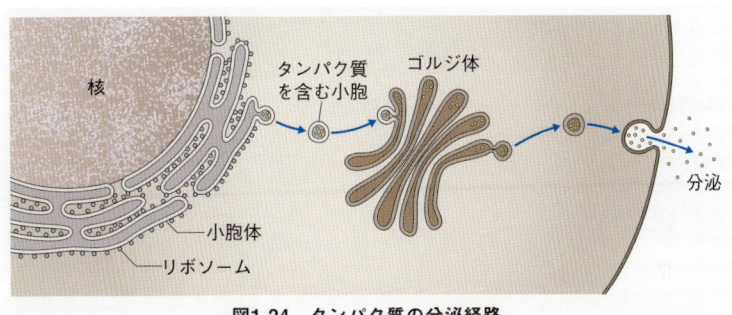

図1-24　タンパク質の分泌経路

　小胞体は，いくつもの袋が重なり合ったように見えるが，核も含めて一つの袋で構成されている。例えるならば，空気が抜けた一つの風船が，折りたたまれて核と小胞体の構造をつくっているといえる。

発展　細胞分画法

細胞小器官の役割を実験で調べるには，それぞれの細胞小器官を集める必要がある。**複数種類の物質や構造体から，特定のものを分け集めることを分画という。**細胞小器官ごとに大きさが異なることを利用して，特定の細胞小器官ごとに分画することができる。この方法を**細胞分画法**という。

細胞小器官がこわれない程度に細胞を破壊し，水溶液に懸濁する(混ぜる)。大きいものは水溶液の中で早く沈む性質がある。細胞小器官はいずれも微小なため，普通の地球の重力では沈まないが，遠心力を利用して，重力の数百倍〜10万倍もの重力をかけることにより，沈ませることができる。

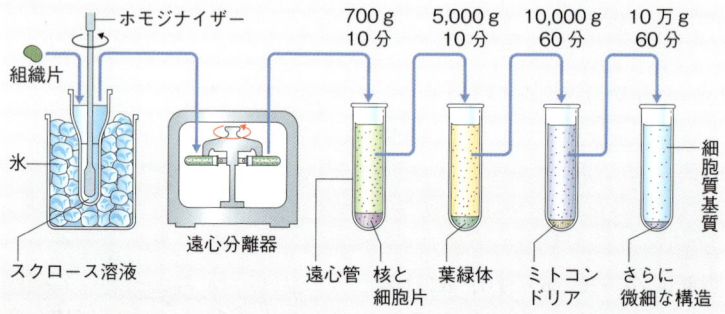

組織片をホモジナイザーですりつぶすときは氷冷し，細胞に含まれる物質の変化を抑える。

(gは重力加速度を示す。700 g は重力の700倍のこと。)

遠心分離により遠心管の底部に集まった細胞小器官を残し，上澄み液をさらに大きな力で遠心分離する操作を重ねると，より小さい細胞小器官を，順次，分画することができる。

図1-25　細胞分画法

土と砂が混じった土砂を水に懸濁して，水を満たした透明なビーカーにそそぐと最初に砂が沈む。次に比較的粒が大きい土が沈み，粘土のように粒が小さい粒子はなかなか沈まない。水に溶ける物質は沈むことはない。この原理を利用して，細胞小器官ごとに分けるのが細胞分画法である。

実験　細胞の観察

目的　顕微鏡の特性と取り扱い，ミクロメーターの使用法を理解する。いろいろな細胞を観察し，大きさを測定する。

　生物の体はすべて細胞からできている。植物細胞はおよそ100 μm，動物細胞はおよそ10 μm，細菌(バクテリア)の多くは1～5 μmである。顕微鏡の使い方を復習し，自在に使いこなして細胞を観察しよう。

[準備]　材料…新聞紙，オオカナダモ，ヒトの口腔上皮細胞など
　　　　器具…光学顕微鏡，(光源内蔵タイプの顕微鏡でない場合は)光源装置，スライドガラス，カバーガラス，ピンセット(または柄つき針)，ろ紙，つまようじ，メチレンブルー，スポイト，接眼ミクロメーター，対物ミクロメーター

実験Ⅰ　顕微鏡の使い方と特性

―――――― 実験手順 ――――――

❶ 顕微鏡を持ち運ぶときは，きき手でアームを握り，もう一方の手で鏡台を下から支え，体につけてしっかり持つ。

❷ 接眼レンズを先に取り付け，次に対物レンズを取り付ける。外すときは逆に，対物レンズを先にレボルバーから外す。これは鏡筒内にごみが入らないようにするためである。はじめは低倍率のレンズの組み合わせで観察する。接眼レンズと対物レンズの倍率をかけ合わせたものが総合倍率となる。しぼりを開け，反射鏡の平面鏡側を用いて光が視野によく入るように調節する。直射日光を光源にしてはならない。

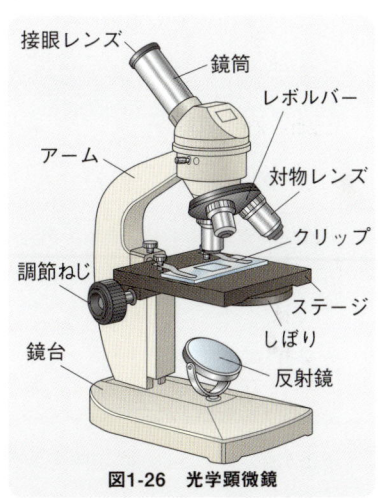

図1-26　光学顕微鏡

❸ 新聞紙のなるべく小さな活字の部分を1cm四方くらいに切り取り，スライドガラスに乗せ，水を一滴スポイトでたらしてカバーガラスをかける。カバーガラスをかける際はピンセットか柄つき針を使い，気泡が入らないようにする。余分な水はろ紙で吸い取り，プレパラートをつくる。

❹ プレパラートをステージに乗せてクリップでおさえ，新聞紙が対物レンズの真下にくるように固定する。

❺ 横から対物レンズを見ながら，プレパラートに最大限近づける。接眼レンズをのぞきながら調節ねじをゆっくり動かし，ステージを遠ざけながらピントを合わせる。粗動ねじと微動ねじがあれば，まず粗動ねじで大まかな位置を決め，微動ねじで微調節する。

❻ プレパラートを動かして，小さな文字を視野の中央に入れる。顕微鏡の像はプレパラートの動きと同じように動くだろうか。

❼ 平面鏡の角度を調節し，最も明るい視野にする。しぼりを絞り，見やすい明るさに調節する。絞ると暗くなるが見え方はシャープになる。見る物によってその都度よりよい視野になるよう調節する。

❽ 調節ねじは動かさず，レボルバーを回転させて対物レンズを高倍率に変える。観察する部分が視野の中央にあれば，すでに視野には像が見えている。反射鏡を凹面(おうめん)に変え，改めて絞りを調節する。調節ねじをわずかに上下して(微動ねじがあれば粗動ねじは使わなくてもよい)ピント合わせをする。

結果 新聞紙の繊維が観察できた。インクの点が繊維に乗っているのがわかった。プレパラートを右に動かすと顕微鏡像は左，上なら下に動いた。顕微鏡の像は上下左右が逆であった。対物レンズは低倍率より高倍率のほうが長く，レンズの先端がプレパラートにより近かった。高倍率のほうが視野は狭く，暗くなった。

実験Ⅱ　ミクロメーターの使い方

実験手順

❶ 接眼レンズのふたを外し接眼ミクロメーターを入れる。表裏を間違えないよう注意する。

❷ 対物ミクロメーターをステージに乗せ，低倍率でピントを合わせる。対物ミクロメーターには1目盛り10 μm の目盛りが刻まれている。

❸ 接眼ミクロメーターをまわして，対物ミクロメーターの目盛りと平行にする。対物ミクロメーターの位置を調節して，両方の目盛りを重ねる。両方の目盛りがぴったり重なっている2か所を探し，その間の目盛り数を数えて接眼ミクロメーター1目盛りの長さを計算する。対物レンズを変えて，各倍率における値を計算する。

$$\frac{\text{対物ミクロメーターの目盛り数}}{\text{接眼ミクロメーターの目盛り数}} \times 10\,\mu m = \text{接眼ミクロメーター1目盛りの長さ}(\mu m)$$

←接眼ミクロメーターの目盛り
←対物ミクロメーターの目盛り
(10×40倍)

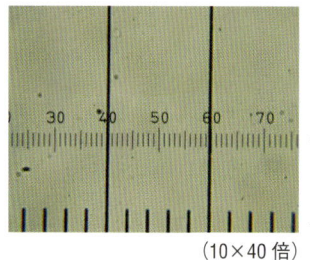

結果 写真の場合は，

$$\frac{5}{20} \times 10\,\mu m = 2.5\,\mu m \quad となる。$$

実験Ⅲ　細胞の観察

――――――――― 実験手順 ―――――――――

❶ プレパラートをつくる。
　A．オオカナダモの葉を1枚取り，表を上にして水に浸し，カバーガラスをかける。
　B．つまようじの丸い端で軽くほほの内側をこする。スライドガラスになすりつけ，少し乾かしてから，メチレンブルーで2分間ほど染色する。スライドガラスの裏側からそっと水をかけて洗う。カバーガラスをかける。

❷ それぞれのプレパラートで，適した倍率を選び，細胞の形や細胞小器官の見え方，原形質流動のようすなどを観察してスケッチする。

❸ プレパラートを動かし，より観察に適した部分を探して観察する。各部の大きさを測定する。倍率を変えると接眼ミクロメーターの1目盛りの大きさが変わるので注意する。スケッチには，日付，材料名，倍率，試薬名，各部の名称のほか，観察してわかったことや気付いたことを書いておくとよい。

結果 オオカナダモの葉では，大きさ約 $5\,\mu m$（写真の接眼ミクロメーター1目盛りは $2.5\,\mu m$）の葉緑体（緑色の粒）がたくさん見えた。細胞壁にそって動いていた（原形質流動）。
　ヒトの口腔上皮細胞では，メチレンブルーに染まった核が観察できた。

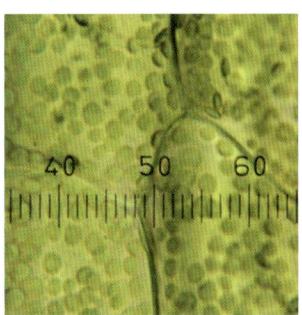
▲オオカナダモの葉

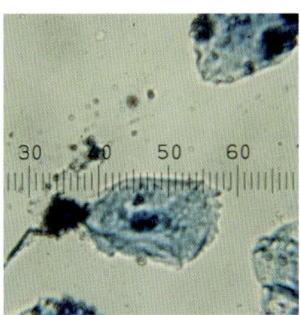
▲口腔上皮細胞

この章で学んだこと

地球上に生息する生物は実に多様であるが，すべての生物は共通の祖先から進化によって生じてきた。親の形質が子やそれ以降の世代に現れる現象を遺伝といい，遺伝する形質が変化することを進化という。この章では，生物に共通する形質と，共通する形質から生み出される多様性について学んだ。

1 生物の多様性と共通性

1 生物の多様性 生物は共通の祖先から生じた。親のもつ形質が，あとの世代に受け継がれることを遺伝といい，進化は集団内において遺伝する形質が変化することで起きる。進化をもとにした種や集団の類縁関係を系統という。

2 生物の共通性 生物は細胞を単位としてできており，自身とほぼ同じ形質の子をつくる。親の形質は遺伝子によって子に伝えられる。また，ATPを合成し生命活動に利用するとともに，環境からの刺激に応答して体内環境を一定に保つ。

3 生物の階層性 多細胞生物の体は，細胞→組織→器官→個体といった階層構造をもつ。

2 細胞の発見と研究

1 細胞とは 細胞膜に囲まれることで外部と隔てられ，内部に染色体など生命の維持に必要な物質をもつ生物の基本単位。ロバート・フックにより発見された。

2 細胞説 生物の体は細胞でできており，細胞は生物体の基本単位であるとする考え。シュライデンとシュワンにより提唱された。

3 単細胞生物と多細胞生物 単細胞生物は一つの細胞で構成され，多細胞生物は複数の細胞で構成される。多細胞生物は体細胞と生殖細胞から成る。

3 細胞の構造

1 真核生物 染色体が核膜に包まれており，核をもつ細胞を真核細胞という。真核細胞でできている生物を真核生物という。

2 原核生物 核をもたない細胞を原核細胞という。原核細胞でできている生物を原核生物という。

3 原形質 細胞膜とその内部をまとめて原形質という。

4 真核細胞の構造 真核細胞は，特有の働きを担う細胞小器官をもつ。原形質のうち，核以外の部分を細胞質といい，細胞小器官の間をうめる，構造がみられない部分を細胞質基質という。

4 細胞小器官の働き

1 核 染色体を保持し，細胞の生存と増殖，形質の発現にかかわる。

2 ミトコンドリア 呼吸を行い，ATPの形でエネルギーを取り出している。

3 葉緑体 植物の細胞に存在し，光合成を行う。

4 液胞 植物細胞内において，水分量の調節や老廃物の貯蔵にかかわっている。

発展 リボソーム タンパク質の合成にかかわる。

発展 ゴルジ体 タンパク質の輸送にかかわる。

発展 中心体 細胞分裂にかかわる。

確認テスト1

解答・解説は p.191

生物基礎 1部

1 生物の特徴について述べた文を読み，以下の問いに答えよ。

これまで知られている生物は約（ ア ）種であり，大きさも形質も生息する環境も（ イ ）である。一方，<u>生物は皆，共通する特徴をもつ</u>。（ イ ）な生物はすべて（ ウ ）の祖先から生じ，進化してきたと考えられる。親のもつ形質が子に現れる現象を（ エ ）という。（ エ ）する形質のもとは（ オ ）である。（ オ ）の情報を担っているのは（ カ ）という分子の塩基配列である。（ カ ）の塩基配列が変化すると，遺伝子の情報が変化し，形質が変化する。この変化が累積して生物は進化した。生物が進化してきた経路をもとに生物の類縁関係を示した図を（ キ ）という。

(1) 文中の（ ）に適する語を下記から選べ。

細胞	DNA	ATP	RNA	遺伝	多様
一様	共通	遺伝子	酵素	3000	180万
1億	形質	進化	模式図	系統樹	分類図

(2) 文中の下線，<u>生物は皆，共通する特徴をもつ</u>について述べた文①〜⑤の（ ）内に適語を記せ。

① すべての生物は（ ）を単位としてできており，その基本的構造は共通する。
② （ ）により，自身とほぼ同じ形質の子をつくる。
③ 親の（ ）は遺伝子によって子に伝えられる。
④ エネルギー通貨としての（ ）を合成し，生命活動に利用する。
⑤ 環境からの（ ）を受容して応答し，体の状態を調節する。

2 (1)〜(5)の文中の（ ）に適する語を答えよ。

(1) 生物には，体が一つの細胞でできている（ ア ）と，多くの細胞で構成される（ イ ）がある。
(2) 多細胞生物の細胞は，体を構成する（ ア ）と生殖の為の（ イ ）からなる。
(3) 核をもたない細胞を（ ア ）細胞といい，（ ア ）細胞でできている生物を（ イ ）という。ラン藻ともよばれる細菌の仲間の（ ウ ）は真核生物の葉緑体と同じ働きをする構造をもち，光合成を行う。
(4) 多細胞生物の体は，器官でできている。それぞれの器官は，同じ形と働きをもつ細胞が集まった（ ア ）でできている。このように，多細胞生物の体はいくつもの（ イ ）構造をもつ。

(5) コルクの薄片を顕微鏡で観察し、小さな部屋に細胞と名付けたのは（　ア　）である。植物と動物について、それぞれ「生物の体は細胞でできている」と提唱したのは（　イ　）と（　ウ　）である。細胞が生物体の基本単位であるという考えが（　エ　）である。

3　図は、光学顕微鏡で観察した植物細胞の模式図である。eは、クロロフィルを含む。以下の問いに答えよ。

(1) a〜fの名称を次のア〜クから選べ。
ア　液胞　　イ　核　　　ウ　染色体
エ　細胞壁　オ　細胞膜　カ　細胞質基質
キ　ミトコンドリア　　　ク　葉緑体

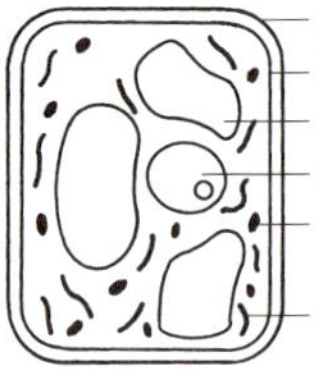

(2) a〜fで動物細胞に含まれないものを2つ、特に成長した植物細胞で発達している構造を1つ記せ。
(3) 次のア〜エに関連のある構造をa〜fから選べ。
ア．DNAを持ち、細胞の生存と増殖に必要であり、形質の発現にかかわる。
イ．呼吸の場、酸素を消費して有機物を分解し、ATPをつくる。
ウ．細胞液で満たされている。アントシアンを含む場合もある。
エ．光エネルギーを利用してATPをつくり、光合成を行う。

(4) 細胞を破壊し、細胞小器官を大きさごとに集めて取り出す方法を何というか。

4　光学顕微鏡について、次の文中の{　}内から適切なものを選べ。
(1) 対物レンズの長さは、倍率が高いほど{長い、短い}。
(2) 焦点(ピント)があったときの対物レンズと試料との距離は、倍率が高いほど{長い、短い}。
(3) コントラストを強くするには、しぼりを{しぼる、開く}とよい。
(4) 活字pを光学顕微鏡で見ると、{b, d, p, q}に見える。
(5) 総合倍率を100倍から400倍にすると、視野に見える試料の範囲は、
$\left\{8倍, 4倍, 2倍, 同じ, \frac{1}{2}, \frac{1}{4}, \frac{1}{8}, \frac{1}{16}\right\}$になる。
(6) はじめは{低倍率、高倍率}で観察する。反射鏡には、平面鏡と凹面鏡があるが、低倍率のときは{平面鏡、凹面鏡}を用いる。

第2章
細胞とエネルギー

この章で学習するポイント

☐ 生命活動とエネルギー
☐ 代謝とエネルギー
☐ 同化と異化
☐ エネルギーとATP
☐ 酵素の働き

☐ 呼吸
☐ 呼吸とは
☐ 呼吸とエネルギー
☐ 呼吸のしくみ

☐ 光合成
☐ 光合成とは
☐ 光合成とエネルギー
☐ 光合成のしくみ

☐ 細胞内共生説
☐ ミトコンドリアと葉緑体の起源

1 生命活動とエネルギー

1 細胞と代謝

　細胞は，取り込んだ物質を分解して化学エネルギーを取り出している。また，取り出したエネルギーを使って有機物を合成する。このような**合成や分解**といった生体内での化学反応の過程をまとめて**代謝**という。

Ⓐ 代謝とエネルギー

　代謝の過程では化学物質が変化する。**化学物質が変化するとエネルギーの移動が起こる**。エネルギーの移動とは，エネルギーが放出されたり(エネルギー放出反応)，吸収(エネルギー吸収反応)されたりすることを指す。

　光合成は，光エネルギーを吸収して二酸化炭素と水から炭水化物などの有機物を合成するエネルギー吸収反応である。一方，呼吸は炭水化物などの有機物を二酸化炭素と水に分解するエネルギー放出反応である。化学エネルギーをもつ物質が分解されるときにはエネルギーの放出が起こる。

(補足) 光合成では，光エネルギーは化学エネルギーに変換される。

> **POINT**
> 代謝の過程では，**エネルギーの移動**が起こる。

Ⓑ 同化と異化

　光合成では，二酸化炭素や水のような単純な物質から，複雑な物質である有機物が合成される。このように，単純な物質から，体を構成する化学的に複雑な物質や，生命活動に必要な物質を合成する代謝の過程を**同化**という。

　体内の複雑な物質を化学的に単純な物質に分解する過程は**異化**という。呼吸のように，有機物を分解してエネルギーを得る過程は異化である。

(補足) 葉のような，光合成を行う器官を**同化器官**という。茎や根のような，光合成を行わない器官は**非同化器官**とよぶ。

図2-1　同化と異化

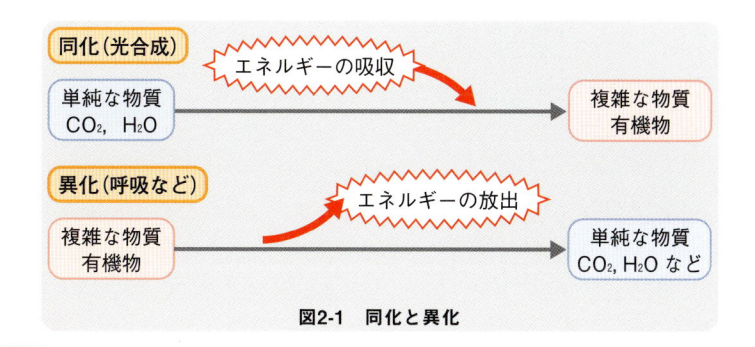

> **POINT**
> - **同化**→光合成のように，単純な物質から複雑な物質を合成すること。
> - **異化**→呼吸のように，複雑な物質を単純な物質に分解すること。

◉独立栄養生物と従属栄養生物

　光合成を行う植物のように，外界から取り入れた無機物だけを利用して有機物を合成し，生命を維持することができる生物を**独立栄養生物**という。一方，動物や細菌のように，無機物だけでは有機物を合成することができない生物を**従属栄養生物**という。従属栄養生物は，食べたり吸収したりした有機物を取り込み，その有機物を分解することで体を構成する物質の素材を得ている。また，分解する過程で生じるエネルギーを利用して，体を構成する物質を合成している。

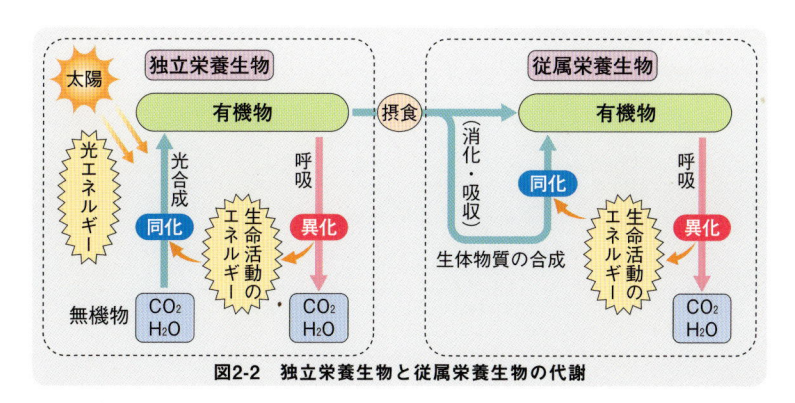

図2-2　独立栄養生物と従属栄養生物の代謝

第2章　細胞とエネルギー

2 エネルギー通貨 ATP

代謝の過程ではエネルギーの移動が起こる。エネルギーの移動には，**ATP（アデノシン三リン酸）**とよばれる化合物が重要な働きをしている。

ATPは，糖の一種であるリボースと塩基の一種であるアデニンが結合したアデノシンに，3つのリン酸が結合している。ATP内のリン酸どうしの結合を**高エネルギーリン酸結合**という。生体の中でATPは，ふつう**ADP（アデノシン二リン酸）**と1つのリン酸に分解される。**分解の際に，高エネルギーリン酸結合が切れることで大きなエネルギーが放出される。**ATPから放出されるエネルギーは，生体物質の合成や筋肉の運動，発熱や発光などさまざまな場面で使われる。

ATPは，すべての生物で共通してエネルギーの移動の仲立ちとして使われているため，**エネルギーの通貨**に例えられる。**ATPはおもに呼吸と光合成で合成される。**ATPが合成される反応は，エネルギーを吸収してADPとリン酸が結合するエネルギー吸収反応である。

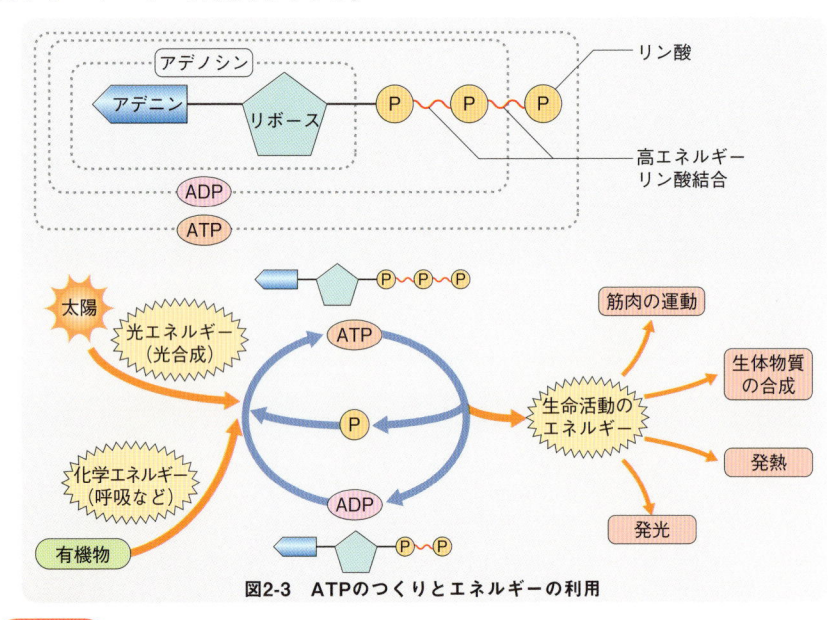

図2-3 ATPのつくりとエネルギーの利用

> **POINT**
> ● **ATPはエネルギーの移動の仲立ちとして使われる。**
> ● ATPのリン酸どうしの結合を，**高エネルギーリン酸結合**という。

3 代謝と酵素

Ⓐ 酵素の触媒作用

　ある化学物質が別の化学物質に変化する化学反応は，一般的には起こりにくい。人工的に化学反応を起こすには，強酸または強アルカリ，高温，高圧にする必要がある。特定の化学反応を促進する物質を**触媒**といい，**触媒によって反応条件を穏やかにすることができる**。生体では**酵素**とよばれるタンパク質が触媒として働き，代謝を促進している。酵素の触媒作用により，中性，体温という穏やかな条件でも，化学反応は速やかに進行する。触媒は化学物質の変化を促進するが，それ自体は変化しない。そのため，酵素は何度も触媒として働くことができる。

　酸化マンガン(Ⅳ)は，過酸化水素(H_2O_2)を水と酸素に分解する触媒作用がある。酵素のカタラーゼも触媒として働き，過酸化水素を水と酸素に分解する反応を促進する。酸化マンガン(Ⅳ)は無機物であるため，無機触媒とよばれる。これに対して，酵素はタンパク質でできているため，**生体触媒**とよばれる。

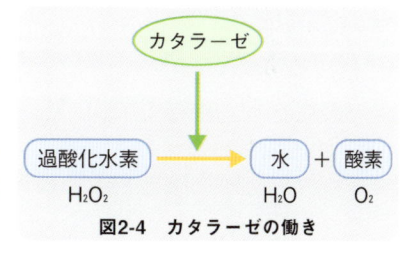

図2-4　カタラーゼの働き

Ⓑ 代謝と酵素

　ヒトの小腸では，アミラーゼとマルターゼとよばれる酵素が働き，デンプンはマルトースを経てグルコース(ブドウ糖)に分解される。デンプンをマルトースに分解するのはアミラーゼ，マルトースをグルコースに分解するのはマルターゼである。アミラーゼやマルターゼなど，消化にかかわる酵素を消化酵素とよぶ。

　デンプンを人工的に分解するには，強い酸性の条件下で100℃に加熱しなくてはならない。しかし消化酵素の働きにより，デンプンは中性，体温という条件でも速やかに分解される。

図2-5　デンプンの分解

> **POINT**
>
> 生物の体内では，**酵素が代謝を促進**している。酵素の働きにより，化学反応は速やかに進行する。

第2章　細胞とエネルギー

図2-6　酵素の働き

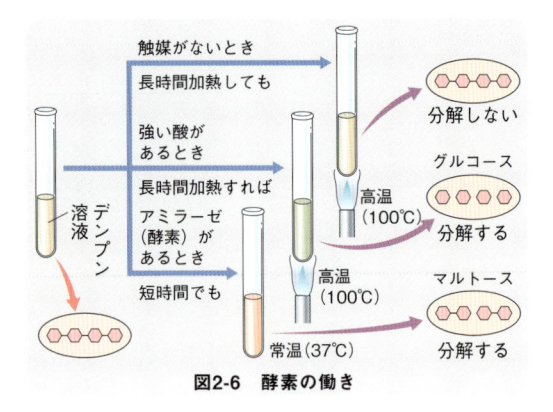

　消化酵素は細胞外に分泌されて働く酵素であるが，多くの酵素は細胞内で働く。細胞内で働く酵素は，細胞の生命活動に必要な化学反応にかかわっている。

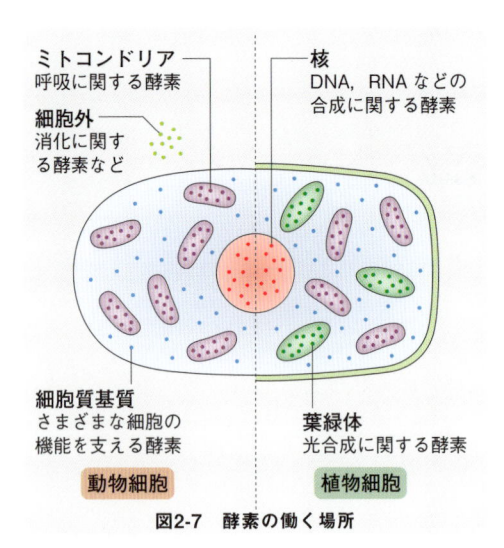

図2-7　酵素の働く場所

コラム　ヒトの酵素はいくつある？

　生命活動を円滑に行うためには，体に取り込んだ物質から，活動に必要な物質を速やかに合成しなくてはならない。生体内では，化学反応の一つ一つをそれぞれ専門の酵素が担当している。そのため，反応は流れ作業のようにスムーズに進む。ヒトの場合，3000種類以上の酵素が働いている。

発展　酵素の働きとその特徴

1 基質特異性
　アミラーゼはデンプンに作用してマルトースに分解するが，マルトースをグルコースにする働きはない。マルトースをグルコースに分解するのはマルターゼである。酵素の作用を受ける物質を**基質**といい，酵素が特定の物質だけに作用する性質を**基質特異性**という。基質特異性には分子の立体構造がかかわる。酵素タンパク質にはそれぞれ固有の立体構造があり，触媒作用を担う**活性部位**は立体構造の凹みの中にある。その凹みの立体構造と，凸凹（カギとカギ穴）のように相補的に結合できる物質（基質）のみが，**酵素 − 基質複合体**を形成する。

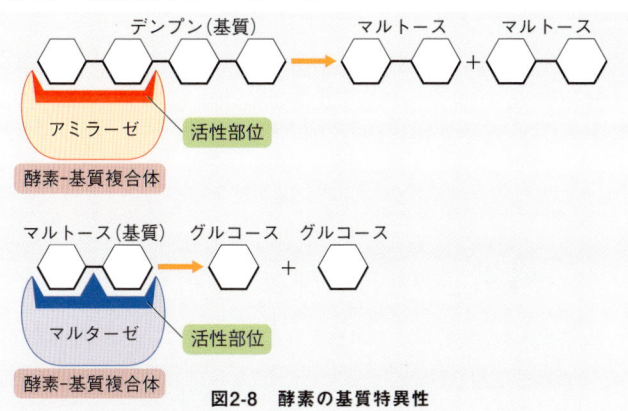

図2-8　酵素の基質特異性

2 酵素反応の速度と温度
　化学反応の速度は，温度が高ければ高いほど大きくなる。熱エネルギーにより分子の動きが活発になると，分子がぶつかり合う確率が高くなるからである。酵素反応も温度が高くなると酵素と基質が出合う確率が高くなり，反応速度が大きくなる。しかし，酵素はタンパク質でできているため，温度が高くなりすぎると立体構造が変化し，触媒として働くことができなくなる。多くの酵素は，40℃以上になると反応速度が急激に下がる。酵素反応の速度が最大になる温度を**最適温度**という。

3 酵素反応の速度と pH
　pHはタンパク質の立体構造に影響を与える。そのため，酵素反応の速度はpHの影響を受ける。反応速度が最大のときのpHを**最適 pH**という。だ液中で働くアミラーゼのように，多くの酵素は中性のpH7付近に最適pHがある。働く環境によっては，最適pHが中性でない酵素もある。強い酸性の胃液が分泌される胃で働くペプシンの最適pHは2，弱アルカリ性の小腸で働くトリプシンは8，アルカリ性のすい液に含まれる脂肪分解酵素リパーゼは9である。

図2-9 酵素反応の速度と温度

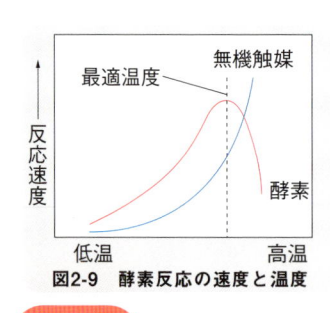

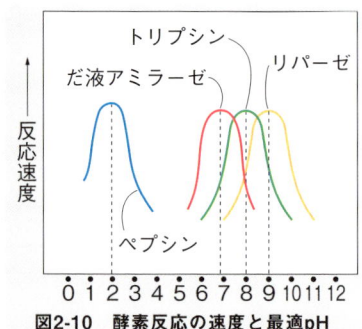

図2-10 酵素反応の速度と最適pH

> **POINT**
> - 酵素と基質の立体構造が基質特異性にかかわる。
> - 温度が高くなると、熱エネルギーにより酵素と基質が出合う確率が高くなる。

コラム インフルエンザウイルスの特効薬タミフルと基質特異性

　インフルエンザウイルスは、細胞に感染すると増殖し、さらに細胞から出て拡散し、感染の範囲を爆発的に広げる。ウイルスが細胞から出るためには、ウイルスと細胞を結びつけている結合を切断する必要がある。この反応を促進する触媒として働くのが、ウイルスのノイラミニダーゼとよばれる酵素である。ノイラミニダーゼの活性部位にはまり込むように設計されたのがタミフルであり、タミフルが活性部位をふさぐと酵素の活性が失われる。その結果、ウイルスは細胞に閉じ込められたままになり、免疫細胞によって感染した細胞と共に死滅させられる。

2 呼吸と光合成

1 呼吸

　酸素（O_2）を用いて体内にある炭水化物や脂肪，タンパク質などの有機物からエネルギーを取り出し，ATP を合成することを**呼吸**という。炭水化物や脂肪，タンパク質など呼吸の材料となる物質を**呼吸基質**という。多くの生物の主な呼吸基質はグルコース（$C_6H_{12}O_6$）である。呼吸によりグルコースは段階的に分解され，最終的に二酸化炭素（CO_2）と水（H_2O）になる。この過程で多量のATP が生成される。真核細胞において，呼吸で重要な働きを担っているのはミトコンドリアである。

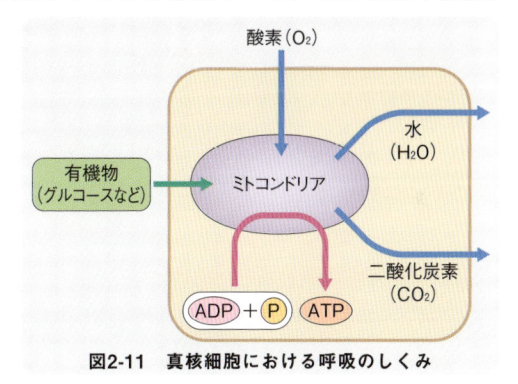

図2-11　真核細胞における呼吸のしくみ

　グルコースは燃えると二酸化炭素と水になる。燃焼は呼吸とよく似た現象であるが，燃焼ではグルコースに蓄えられたエネルギーは，熱と光になって放散してしまう。呼吸では，さまざまな酵素がグルコースを段階的に分解することで発熱を抑え，エネルギーを効率的に ATP の合成に使っている。

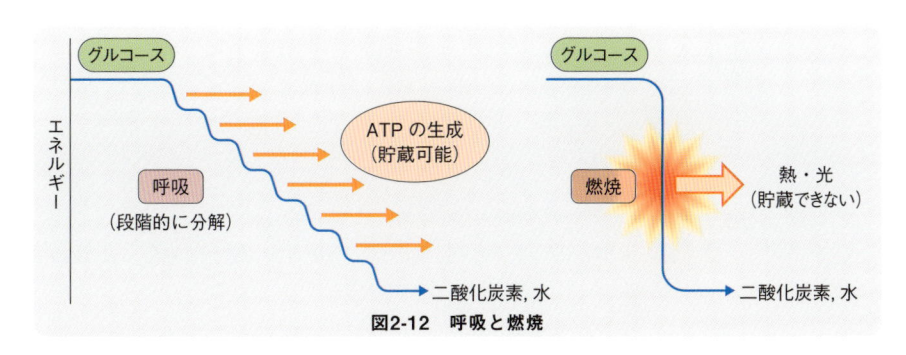

図2-12　呼吸と燃焼

発展　呼吸のしくみ

　呼吸により ATP が合成される過程は大きく3つに分かれる。第1は，グルコースを分解してピルビン酸にする過程(**1**)である。第2は，ピルビン酸を分解して二酸化炭素と水素にする過程(**2**)，第3は水素を電子(e^-)と水素イオン(H^+)に分離し，電子のエネルギーを利用して ATP を合成する過程(**3**)である。第3の過程で酸素が消費される。

1 解糖系

　グルコースを分解してピルビン酸を合成する一連の化学反応には，多くの種類の酵素がかかわる。この一連の反応系を**解糖系**という。解糖系は細胞質基質で働く。解糖系では，炭素を6つもつグルコース1分子から，炭素を3つもつピルビン酸が2分子合成される。この過程で，2分子の ATP が消費され，4分子の ATP が合成される。差し引き，グルコース1分子あたり2分子の ATP が合成されることになる。酸素は消費されない。

2 クエン酸回路

　細胞質基質で合成されたピルビン酸はミトコンドリアの中に入り，二酸化炭素と水素が取り出される。この化学反応の過程にも多くの酵素がかかわっている。一連の反応過程でクエン酸が生じることと，反応が回路のように循環することから，この反応経路は**クエン酸回路**とよばれる。クエン酸回路を巡る間に，炭素を3つもつピルビン酸1分子から，炭素を1つもつ二酸化炭素3分子と1分子の ATP が合成される。

　解糖系では1分子のグルコースから2分子のピルビン酸が合成されるため，クエン酸回路では2分子のピルビン酸から6分子の二酸化炭素と2分子の ATP が合成されることになる。

3 電子伝達系

　クエン酸回路で生成された水素は，マトリックスで電子(e^-)と水素イオン(H^+)に分けられる。この電子は高いエネルギーをもっている。電子が，ミトコンドリアの内膜にある**電子伝達系**とよばれる一連のタンパク質群を通る間に，電子のエネルギーが利用されて H^+ はマトリックスから内膜と外膜の間に運搬され，そこで濃縮される。ATP 合成酵素は内膜にあり，濃縮された H^+ は ATP 合成酵素を通ってマトリックスに吹き出る。ATP 合成酵素は H^+ が噴き出る物理的エネルギーを使って回転し，回転のエネルギーを用いて ADP とリン酸を結合する。一方，H^+ は酸素と結合して水になり，この時に酸素が消費される。この過程で，1分子のグルコースあたり，最大で34分子の ATP が合成される。

　解糖系で合成される ATP 2分子と，クエン酸回路で合成される2分子を合わせて，グルコース1分子あたり，最大で38分子の ATP が合成されることになる。

$$C_6H_{12}O_6 + 6H_2O + 6O_2 \rightarrow 6CO_2 + 12H_2O + エネルギー（最大38ATP）$$

図2-13　呼吸のしくみ

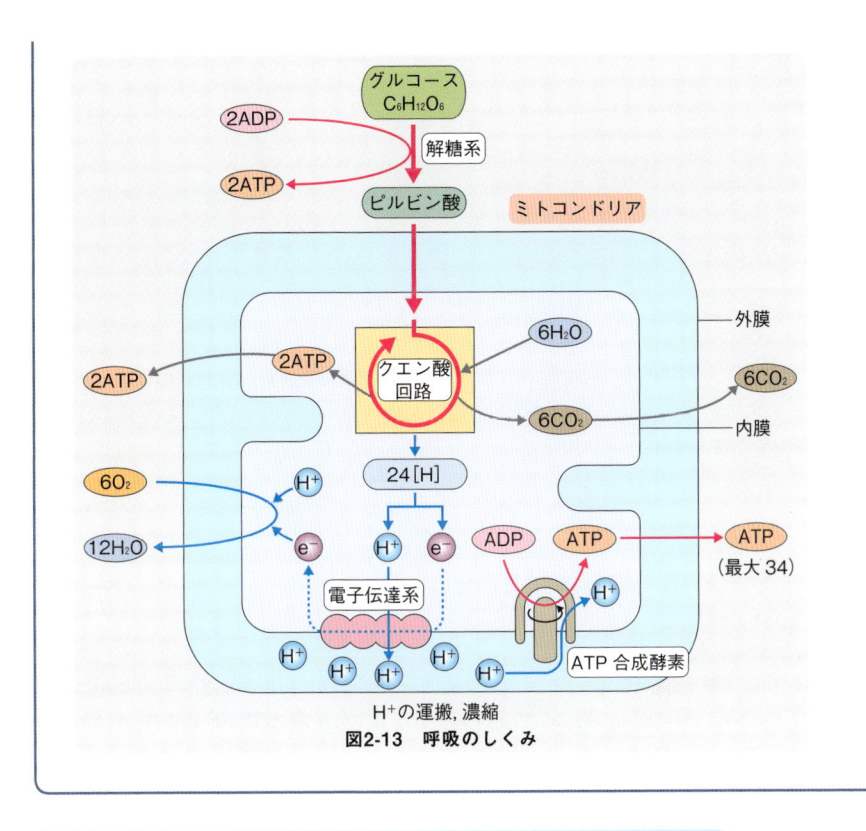

コラム　ATPがエネルギー通貨として広まった理由

　ATPがエネルギー通貨として用いられているのはなぜだろうか。結合エネルギーの大きさは、結合が切れるときに放出されるエネルギー量で表される。C-C（炭素-炭素結合）やC-H（炭素-水素結合）などの一般的な化学結合は、ATPのリン酸の結合より10倍も大きなエネルギーをもつ。しかし、大きなエネルギーをもつ結合とは、それだけ強い結合であることも意味しており、取り出しにくい。ATPのリン酸結合は、比較的高いエネルギーをもちながら、体温という条件で簡単に切断され、エネルギーを取り出しやすい特徴がある。また、ATPは、遺伝情報の伝達を担うRNAの素材でもあり、細胞内に十分な量がある。

　エネルギーを取り出しやすく、量も豊富。生物界にエネルギー通貨として広まったのはそのためだと考えられている。

2 光合成

　生物が光エネルギーを利用して，二酸化炭素と水から有機物を合成することを**光合成**という。植物や藻類では，光合成は葉緑体で行われる。

　光合成には多くの種類の酵素がかかわっており，これらの酵素が，吸収した光エネルギーを利用して ATP を合成する。さらに ATP に蓄えられたエネルギーを使って二酸化炭素と水から有機物を合成する。植物体に取り込まれた二酸化炭素の多くは，デンプンや細胞壁を構成するセルロースになる。

補足　光合成によって葉緑体の中に生じたデンプンを**同化デンプン**という。同化デンプンはスクロース(ショ糖)に変えられ，**転流***によって植物体のさまざまな場所に移動し，生命活動に利用される。

　養分をためる器官(貯蔵器官)に移動したスクロースはデンプンに変えられる。貯蔵器官に蓄えられたデンプンを**貯蔵デンプン**という。イモや豆，米などのデンプンは貯蔵デンプンである。

*植物体内に吸収された栄養素や，光合成により合成された有機物やその代謝産物が，師管を通って植物体内を運搬されること。

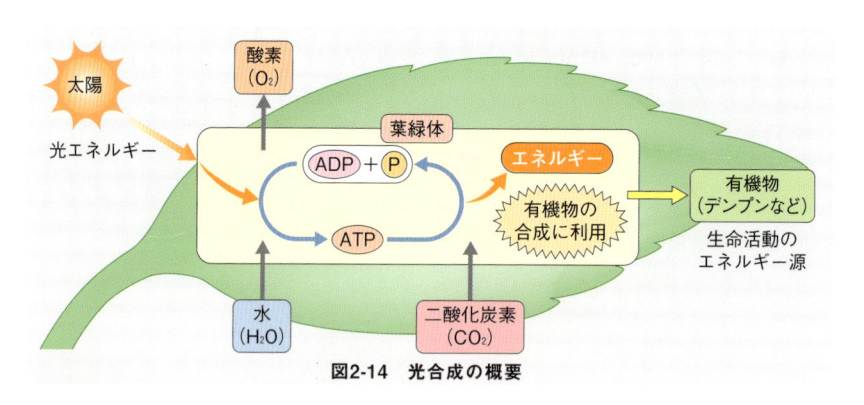

図2-14　光合成の概要

> **POINT**
> **呼吸**　…有機物＋酸素→二酸化炭素＋水＋ATP
> **光合成**…二酸化炭素＋水＋光エネルギー→有機物＋酸素

> **発展** 光合成のしくみ

　光合成により有機物がつくられる過程は大きく2つに分けられる。第1は，光エネルギーを利用して水を水素と酸素に分解し，ATPをつくる過程（**1**）である。第2は，ATPの化学エネルギーを利用して水と二酸化炭素から有機物を合成する過程（**2**）である。

1 光エネルギーの吸収とATP合成

●光エネルギーの吸収

　光エネルギーは，葉緑体のチラコイド膜にあるクロロフィルに吸収される。光エネルギーを吸収したクロロフィルからは電子が飛び出す。この電子のエネルギーを利用して水素イオン（H^+）がチラコイド膜内に蓄積され，最終的にATPが合成される。

●水の分解

　電子を放出したクロロフィルは反応性が高くなり，電子を補充しようとして水を分解する。その結果，酸素が生成される。光合成により合成される酸素は，この酸素である。

● ATPの生成

　クロロフィルから放出された電子は高いエネルギーをもっており，チラコイド膜の電子伝達系を通る過程で，H^+がチラコイド膜の内側に運搬される。その結果，H^+がチラコイドの中に濃縮される。濃縮されたH^+はATP合成酵素を通ってチラコイド外に吹き出る。ATP合成酵素は，水車のように回転するタンパク質であり，放出されるH^+によって回転する。この回転の物理的エネルギーによりADPとリン酸が結合され，ATPが合成される。

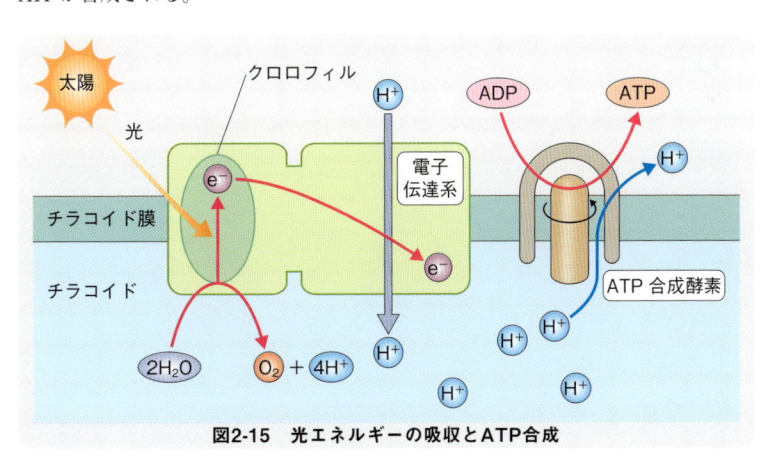

図2-15　光エネルギーの吸収とATP合成

2 二酸化炭素の固定

気体の二酸化炭素が有機物に取り込まれる過程を炭酸固定という。二酸化炭素が有機物として固定される反応は，ストロマ(→p.20)で行われる。ストロマでATPの化学エネルギーを利用して，二酸化炭素と水から有機物が合成される。

1と2をまとめると，光合成全体として次のような式が得られる。

$$6CO_2 + 12H_2O \xrightarrow{\text{光エネルギー}} \underset{\text{同化産物}}{C_6H_{12}O_6} + 6H_2O + 6O_2$$

生命体を構成する物質は，複雑で整然としているほどエネルギーを多くもつ。二酸化炭素(CO_2)や水(H_2O)は単純な分子であり，エネルギーレベルは極めて低い。

生物は呼吸の過程において，エネルギーレベルの高い脂肪やグルコース($C_6H_{12}O_6$)を酸素を用いて酸化し，CO_2とH_2Oに分解する。その過程で発生するエネルギーを利用してATPを合成し，ATPのエネルギーを用いて様々な生命活動を行う。光合成では，光エネルギーを用いてATPを合成し，このATPを利用してCO_2とH_2Oから有機物を合成している。

コラム エネルギーの移動

エネルギーは常に，高いところから低い方に移動する。動物が，エネルギーレベルの低いリン酸とADPから高エネルギーのATPを合成できるのは，食物からエネルギーを取り出し，そのエネルギーを使うからである。ATPは合成されるものの，食物はエネルギーレベルの低い二酸化炭素と水になり，エネルギーの収支はマイナスとなる。地球上の生物が生きていられるのは，太陽の光エネルギーを植物が利用してエネルギーレベルの高い有機物を合成しているからにほかならない。一方，太陽はエネルギーを放出し続け，エネルギーレベルは常に下がり続けている。

3 ミトコンドリアと葉緑体の起源

　ミトコンドリアと葉緑体は独自の DNA をもっており，どちらもかつては独立した生物だったと考えられている。ミトコンドリアの起源は酸素を使って呼吸することのできる細菌，葉緑体の起源は光合成をするシアノバクテリアである。これらの細菌が他の細胞の中に入り込んで共生＊したとする考えがある。これを**細胞内共生説**といい，マーグリスらが提唱した。

＊異なる種の生物が一緒に生活している状態。

補足 ミドリゾウリムシはクロレラが細胞内に共生しており，細胞内のクロレラが光合成により合成した有機物を利用している。クロレラはミドリゾウリムシの細胞内という安定した環境の恩恵を受けている。

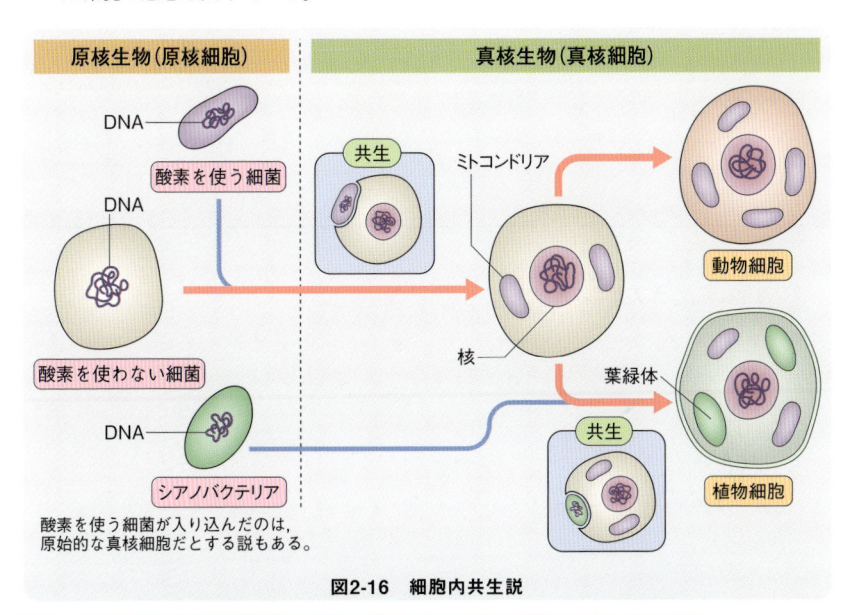

図2-16　細胞内共生説

コラム　有害な酸素を利用したミトコンドリアの祖先

　原始の地球は無酸素状態であった。生物は環境にあるわずかな有機物を利用して少量の ATP をつくり出し，生きていた。葉緑体の祖先が生じると，光合成の廃棄物として酸素が蓄積した。酸素は反応性が高く，DNA やタンパク質に損傷を与えるため有害であったが，うまく利用するとエネルギーを効率よく取り出すことができた。酸素の利用に成功したのが原始ミトコンドリアである。原始葉緑体の光合成により有機物と酸素が蓄積し，それを利用する原始ミトコンドリアが出現したことで地球上の生命活動は活発になっていった。

この章で学んだこと

細胞は外界から物質を取り込み，有機物を分解して得たエネルギーや，光のエネルギーを利用して物質を合成する。この章では，生命活動に必要なエネルギーの取り出し方や，エネルギーを取り出す細胞の構造について学んだ。

1 生命活動とエネルギー
1. **代謝** 合成や分解といった，生体内での化学反応の過程のこと。
2. **エネルギーの移動** 代謝の過程では，エネルギーの放出や吸収といった，エネルギーの移動が起きる。
3. **同化** 二酸化炭素や水などの単純な物質から，複雑な物質である有機物を合成すること。エネルギーは吸収される。
4. **異化** 有機物を二酸化炭素や水などに分解すること。エネルギーは放出される。
5. **独立栄養生物** 無機物だけを利用して有機物を合成できる生物。緑色植物，藻類，シアノバクテリアなど。
6. **従属栄養生物** 無機物だけでは有機物を合成できない生物。動物，菌類，細菌など。

2 エネルギー通貨 ATP
1. **ATP** 代謝の過程で起こるエネルギーの移動には，ATP（アデノシン三リン酸）がかかわっている。ATP はおもに呼吸と光合成で合成される。
2. **エネルギー通貨** ATP はすべての生物で共通してエネルギーの移動の仲立ちをしているため，エネルギーの通貨に例えられる。
3. **ATP の構造** アデニンとリボースが結合したアデノシンに，3つのリン酸が結合している。
4. **高エネルギーリン酸結合** ATP 内のリン酸どうしの結合のこと。この結合が切れる際に，大きなエネルギーが放出される。

3 代謝と酵素
1. **酵素** 生体内では，酵素が代謝を促進している。
2. **生体触媒** 酵素はタンパク質でできており，生体触媒とよばれる。
- 発展 **酵素の性質** 基質特異性，最適温度，最適 pH がある。

4 呼吸
1. **呼吸** 酸素を消費して，呼吸基質からエネルギーを取り出し，ATP を合成すること。
2. **ミトコンドリア** 真核細胞では，ミトコンドリアが呼吸の場となる。
- 発展 **呼吸のしくみ** 解糖系，クエン酸回路，電子伝達系の3つのステップがある。

5 光合成
1. **光合成** 光のエネルギーを利用して，二酸化炭素と水から有機物を合成すること。
2. **葉緑体** 緑色植物では，葉緑体が光合成の場となる。

6 細胞内共生説
1. **細胞内共生説** 原核生物が他の細胞内に入り込み，共生して細胞小器官になったとする説。
2. **細胞小器官の起源** シアノバクテリアは葉緑体の，酸素を使って呼吸をする細菌はミトコンドリアの，それぞれ起源であるといわれている。

確認テスト2

解答・解説は p.192

1 生体内の化学反応について述べた次の文中の( )に語群から適切な語を選べ。

　生体内での合成，分解などの化学反応の過程をまとめて(ア)という。(ア)において，物質が変化すると，(イ)の移動や変換が起こる。

　簡単な物質から複雑な有機物を合成する過程を(ウ)といい，代表的な反応に(エ)がある。この反応では光エネルギーが(オ)される。植物は，無機物だけを利用して生命を維持できるので(カ)栄養生物という。

　複雑な有機物を分解する過程を(キ)といい，代表的な反応は(ク)である。この反応では，エネルギーが(ケ)される。

　エネルギーの移動には，エネルギー通貨とも例えられる(コ)が利用され，化学反応を促進する触媒として働くのが(サ)である。

語群
ADP　ATP　DNA　RNA　異化　エネルギー
従属　酵素　呼吸　吸収　細胞　光合成
代謝　同化　独立　物質　放出

2 図は ATP の構造を示したものである。
(1) ATP は何という物質の略号か。
(2) 右図の**ア**～**ウ**の名称を答えよ。
(3) ATP を合成する細胞小器官を2つ答えよ。

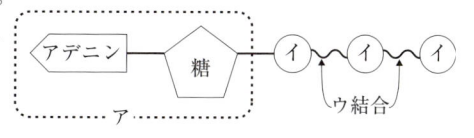

3 酵素について述べた文の(ア)～(エ)に適する語を記せ。

　酵素の本体は(ア)である。デンプンを分解してマルトース(麦芽糖)にするのが(イ)であり，マルトースを分解してグルコース(ブドウ糖)にするのが(ウ)である。酵素には微量で効率的に化学反応を促進する(エ)作用がある。酵素の作用を受ける物質を基質という。

4 光合成と呼吸について，以下の問いに答えよ。

(1) 文中の（ ）に適する語を下の語群から選んで答えよ。同じ語を二回使ってもよい。

呼吸の材料には，炭水化物や脂肪，タンパク質などが使われるが，おもな呼吸基質は（ ア ）である。呼吸により，（ ア ）は段階的に分解され，最終的に（ イ ）と（ ウ ）となる。取り出されたエネルギーで（ エ ）がつくられる。真核細胞で，酸素を用いた呼吸を行う細胞小器官は（ オ ）である。

光合成では，（ カ ）エネルギーが吸収されて（ キ ）がつくられる。そのエネルギーを用いて（ ク ）と（ ケ ）からグルコースやデンプンが合成され，（ コ ）が放出される。光合成は，真核生物の植物や藻類の細胞小器官である（ サ ）で行われる。

> **語群**
> ATP　ADP　DNA　グルコース　スクロース　光
> タンパク質　デンプン　ミトコンドリア　化学　呼吸
> 光合成　酸素　燃焼　二酸化炭素　水　葉緑体

(2) ① 酸素を消費する呼吸の反応全体をまとめて1つの式で示せ。
② 光合成の反応全体をまとめて1つの式で示せ。

5 細胞小器官の起源と真核生物の進化について，以下の問いに答えよ。
(1) 光合成をするシアノバクテリアが起源と考えられる細胞小器官は何か。
(2) 酸素を使って呼吸することのできる細菌が起源と考えられる細胞小器官は何か。
(3) かつては独立した生物だった細菌が他の細胞の中に入り込んで共生し，細胞小器官のもととなったとする考えを何というか。
(4) (3)の説を提唱した科学者の名を答えよ。

センター試験対策問題

解答・解説は p.193

生物基礎 1部

1 細胞に関する次の文章を読み，次の問い(問1～4)に答えよ。

17世紀にオランダのレーウェンフックは，生きた細胞を初めて顕微鏡で観察した。19世紀になり，ドイツのシュライデンとシュワンは「生物の体は細胞を基本単位としてできている」という細胞説を発表した。さらにドイツのフィルヒョーは ア し，細胞説の発展に大いに寄与した。ィ細胞の大きさは生物の種類，組織や器官によりさまざまである。現在では細胞は，細胞を構成する構造体の特徴に基づいて，ゥ核やミトコンドリアなどの細胞小器官をもつ細胞とそれらをもたない細胞に大きく分けられている。

問1 ア にあてはまる語句として最も適当なものを，次の①～⑥のうちから一つ選べ。
① 細胞は細胞から生じることを提唱
② 遺伝子が細胞内の染色体にあることを発見
③ 精子や卵は減数分裂により生じることを記述
④ 白血球に食作用があることを発表
⑤ ウニ卵で割球の分離に成功
⑥ ゾウリムシで原形質流動を観察

問2 下線部ィと関連して，顕微鏡を用いて細胞の大きさを測定するには，接眼ミクロメーターと対物ミクロメーターが用いられる。ある生物の細胞の長さを接眼ミクロメーターで測定したところ，49目盛りであった。このときの接眼ミクロメーターの20目盛りは，対物ミクロメーターの5目盛り(1目盛りは10 μm)に相当する。この細胞の長さに最も近い値は約 イ μmである。
 イ にあてはまる数字を次の①～⑥のうちから一つ選べ。
① 60 ② 80 ③ 100 ④ 120 ⑤ 140 ⑥ 160

問3 下線部**ウ**と関連して，膜で囲まれた細胞小器官をもたない生物の組合わせとして最も適当なものを，次の①〜⑩のうちから一つ選べ。
① クラミドモナス　大腸菌　　② クラミドモナス　ネンジュモ
③ クラミドモナス　酵母　　　④ クラミドモナス　アメーバ
⑤ アメーバ　ネンジュモ　　　⑥ アメーバ　大腸菌
⑦ アメーバ　酵母　　　　　　⑧ ネンジュモ　大腸菌
⑨ ネンジュモ　酵母　　　　　⑩ 大腸菌　酵母

問4 次の文章中の（1）・（2）に入る語は何か。最も適当なものを，下の①〜⑧のうちからそれぞれ一つずつ選べ(選択肢に発展的内容を含む)。

　植物の細胞では，核やミトコンドリアのように動物細胞にも共通に存在する細胞小器官のほかに，植物に特徴的な細胞小器官として，葉緑体や大きく発達した（1）を観察できる。また，細胞の外層には（2）を主な成分とする細胞壁を見ることができる。細胞壁はかたい構造で，細胞間の接着や植物体の支持体としての役割を果たしているが，単なる外被ではなく，伸長成長やその他の細胞機能の発現にも重要な構造である。
① 小胞体　　② 中心体　　③ ゴルジ体　　④ 液胞
⑤ デンプン　⑥ 脂質　　　⑦ セルロース　⑧ タンパク質

(問1〜3　センター試験追試験，問4　センター試験本試験)

2

代謝に関して，次の問いに答えよ。

問1 代謝に関する記述として誤っているものを，次の①〜⑥のうちから二つ選べ。ただし，解答の順序は問わない。
① 独立栄養生物は，炭素源として大気からの二酸化炭素を利用する。
② 従属栄養生物は，大気からの二酸化炭素も利用できるが，グルコースのような比較的複雑な有機化合物の形の炭素も利用できる。
③ エネルギーに富む栄養物を分解したり，太陽エネルギーを捕捉したりして，化学エネルギーを獲得する過程も代謝に含まれる。
④ 獲得されたエネルギーは，他の物質の合成など，さまざまな生命活動に利用される。
⑤ 同化はエネルギーを吸収する反応であり，異化はエネルギーを放出する反応である。
⑥ 異化の過程で放出されるエネルギーの量は，この過程でATPの形に蓄えられるエネルギーの量と等しくなる。

問2 デンプンが消化されグルコース(ブドウ糖)になる前の反応段階を次の図1に示した。酵素(ア)，糖(イ)，酵素(ウ)の組合わせとして正しいものはどれか。下の①～⑤のうちから1つ選べ。

$$\text{デンプン} \xrightarrow{\text{酵素(ア)}} \text{糖(イ)} \xrightarrow{\text{酵素(ウ)}} \text{グルコース(ブドウ糖)}$$

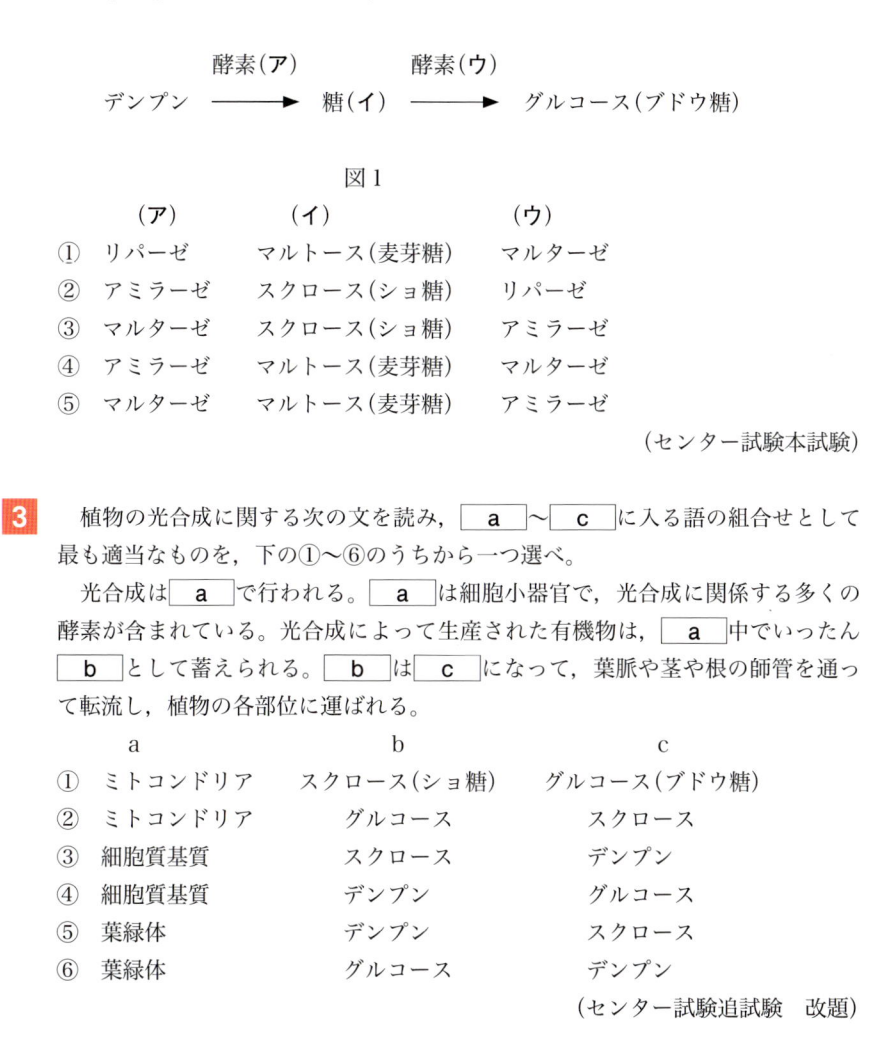

図1

	(ア)	(イ)	(ウ)
①	リパーゼ	マルトース(麦芽糖)	マルターゼ
②	アミラーゼ	スクロース(ショ糖)	リパーゼ
③	マルターゼ	スクロース(ショ糖)	アミラーゼ
④	アミラーゼ	マルトース(麦芽糖)	マルターゼ
⑤	マルターゼ	マルトース(麦芽糖)	アミラーゼ

(センター試験本試験)

3 植物の光合成に関する次の文を読み，　a　～　c　に入る語の組合せとして最も適当なものを，下の①～⑥のうちから一つ選べ。

光合成は　a　で行われる。　a　は細胞小器官で，光合成に関係する多くの酵素が含まれている。光合成によって生産された有機物は，　a　中でいったん　b　として蓄えられる。　b　は　c　になって，葉脈や茎や根の師管を通って転流し，植物の各部位に運ばれる。

	a	b	c
①	ミトコンドリア	スクロース(ショ糖)	グルコース(ブドウ糖)
②	ミトコンドリア	グルコース	スクロース
③	細胞質基質	スクロース	デンプン
④	細胞質基質	デンプン	グルコース
⑤	葉緑体	デンプン	スクロース
⑥	葉緑体	グルコース	デンプン

(センター試験追試験　改題)

第2部

遺伝子とその働き

この部で学ぶこと

1 遺伝子の本体
2 DNAの構造
3 遺伝子とゲノム
4 DNAの複製
5 細胞周期
6 遺伝情報の流れ
7 転写
8 翻訳
9 タンパク質の働き
10 遺伝子の発現

BASIC BIOLOGY

第1章
遺伝情報とDNA

この章で学習するポイント

- **遺伝子とDNA**
  - 遺伝のしくみ
  - 遺伝子の本体の解明

- **DNAの構造**
  - DNAをつくる物質
  - 二重らせん構造
  - 塩基の相補性

- **遺伝子とゲノム**
  - ゲノムとは何か
  - ゲノムのサイズ

1 遺伝子と DNA

　個々の生物に現れる形や性質などの特徴を**形質**といい，親の形質が子やそれ以降の世代に現れる現象を**遺伝**という。形質の遺伝には一定の法則がある。遺伝の法則を発見したのは**メンデル**だった。形質を決める要素を**遺伝子**といい，現在では，遺伝子の情報は染色体に含まれる **DNA**（**デオキシリボ核酸**）にあることがわかっている。

　メンデルが遺伝の法則を発表した当時(1865年)は，遺伝子が細胞のどこにあるのかわからなかった。細胞に関する理解が次第に深まり，細胞分裂にともなう染色体の動きが明らかになると，染色体のふるまいが遺伝子のふるまいと同じであることがわかった。

染色体のふるまい

　1個の体細胞には，形や大きさが同じ染色体が2本ずつあり，この対になる染色体を**相同染色体**という。1対の相同染色体は減数分裂の際，分かれて別々の細胞に入るが，受精によって再び新たな対をつくる。

遺伝子のふるまい

　各個体は，1つの形質に関して1対の遺伝子をもつ。1対の遺伝子は，減数分裂の際，分かれて別々の細胞に入るが，受精によって再び新たな対をつくる。

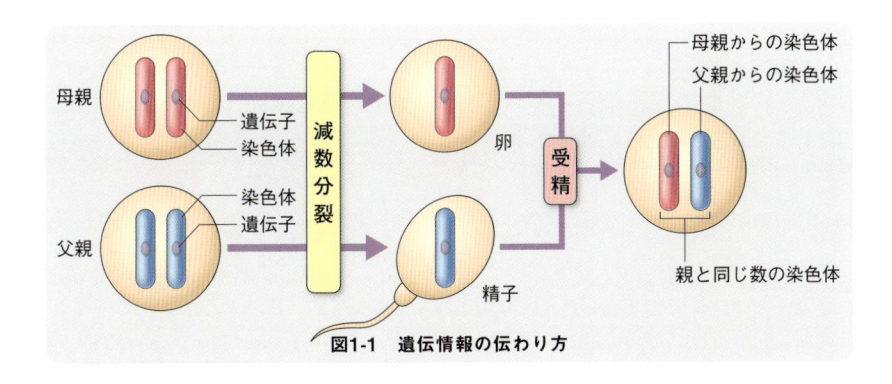

図1-1　遺伝情報の伝わり方

発展　真核生物の染色体とDNA

真核生物のDNAは，**ヒストン**とよばれるタンパク質に巻きついている。細胞分裂のときは，その巻きついたものが規則正しく集合して，光学顕微鏡で見える棒状の染色体となる。

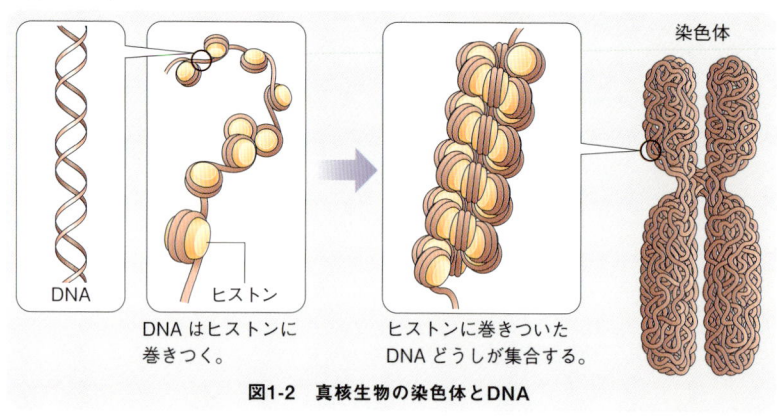

DNA

ヒストン

DNAはヒストンに巻きつく。

ヒストンに巻きついたDNAどうしが集合する。

染色体

図1-2　真核生物の染色体とDNA

参考　相同染色体

相同染色体の片方は父方由来であり，他方は母方由来である。相同染色体の対の数を n で表すと，体細胞の染色体の数は $2n$ となる。ヒトの体細胞の染色体数は23対，46本である。減数分裂によって**配偶子**(卵や精子)が形成されるときは，1対の相同染色体の片方だけが配偶子に受け継がれる。そのため，配偶子は n となり，受精によって $2n$ に戻る。

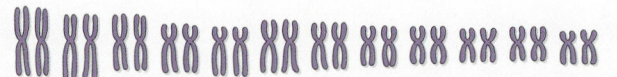

1　2　3　4　5　6　7　8　9　10　11　12
13　14　15　16　17　18　19　20　21　22　女子 男子
　　　　　　　　　　　　　　　　　　　　XX　XY
　　　　　　　　　　　　　　　　　　　　　23

図1-3　ヒトの染色体

> **参考** 遺伝子の本体

肺炎球菌(肺炎双球菌)の形質転換
1 グリフィスの実験
　1928年、グリフィスは肺炎双球菌の形質を人為的に変えられることに気付いた。肺炎双球菌には、外側にカプセルをもち病原性のある菌(S型菌)と、カプセルをもたず病原性のない菌(R型菌)がある。グリフィスが病原性のない肺炎双球菌と、加熱して死滅させた病原性のある肺炎双球菌の両方を混ぜてネズミに注射したところ、ネズミの血液中に病原性のある菌が増殖してくることを発見した。一方、死滅させた病原性のある肺炎双球菌を注射しただけでは菌の増殖はなかった。これは、死んだはずの病原性肺炎双球菌が生き返ったのではなく、**死滅させた病原菌の中に、非病原性の肺炎双球菌を病原性に転換させる物質がある**ことを意味している。

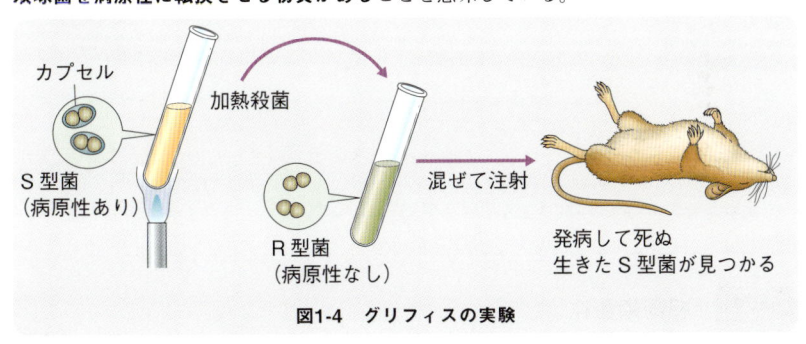

図1-4　グリフィスの実験

2 エイブリーらの実験
　その後、エイブリーらは病原性のある肺炎双球菌の抽出液を病原性のない肺炎双球菌の培地に混ぜた。すると、病原性のない肺炎双球菌が病原性のある肺炎双球菌に変化することがわかった。そして、このような形質の変化は、細菌の遺伝的性質の変化であると考え、この現象を**形質転換**と名付けた。さらに、エイブリーらは形質転換を引き起こす物質が何であるかを調べた。病原性のある肺炎双球菌の抽出物にDNAを分解する酵素を働かせ、DNAを除去すると、抽出物は形質転換させる働きを失った。一方、病原性のある肺炎双球菌の抽出物にタンパク質を分解する酵素を働かせ、タンパク質を除去しても、抽出物には形質転換させる働きが残っていた。このことから、**形質転換を起こさせる物質はDNAである**ことが示された(1944年)。

3 遺伝子の本体の解明
　1950年頃には、ウイルスが細菌に感染すると細菌の形質が変わることや、ウイルスが細菌の中で増殖することから、ウイルスは遺伝子をもっていると考えられるようになった。しかし、遺伝子の本体については謎のままであった。
　1952年、ハーシーとチェイスはバクテリオファージを用いた実験により、遺伝子の本体を解明することに成功した。バクテリオファージは細菌を宿主とするウイルスである。感染すると細菌の中で複製を繰り返し、最後に宿主の細菌を溶かして飛び出す。

感染するときには，バクテリオファージの全体が細菌に入るのではなく，一部だけが入ることがわかっていたが，何が入るのかは不明であった。細菌に入った物質からバクテリオファージの全体ができることから，その物質こそが遺伝子の本体であると考えられた。ウイルスはタンパク質と DNA からできている。そこで，ハーシーとチェイスはバクテリオファージのタンパク質と DNA にそれぞれ目印をつけ，どちらが細菌に入るかを調べた。その結果，DNA だけが細菌に入ることがわかり，**DNA が遺伝子の本体**であることが確定した。

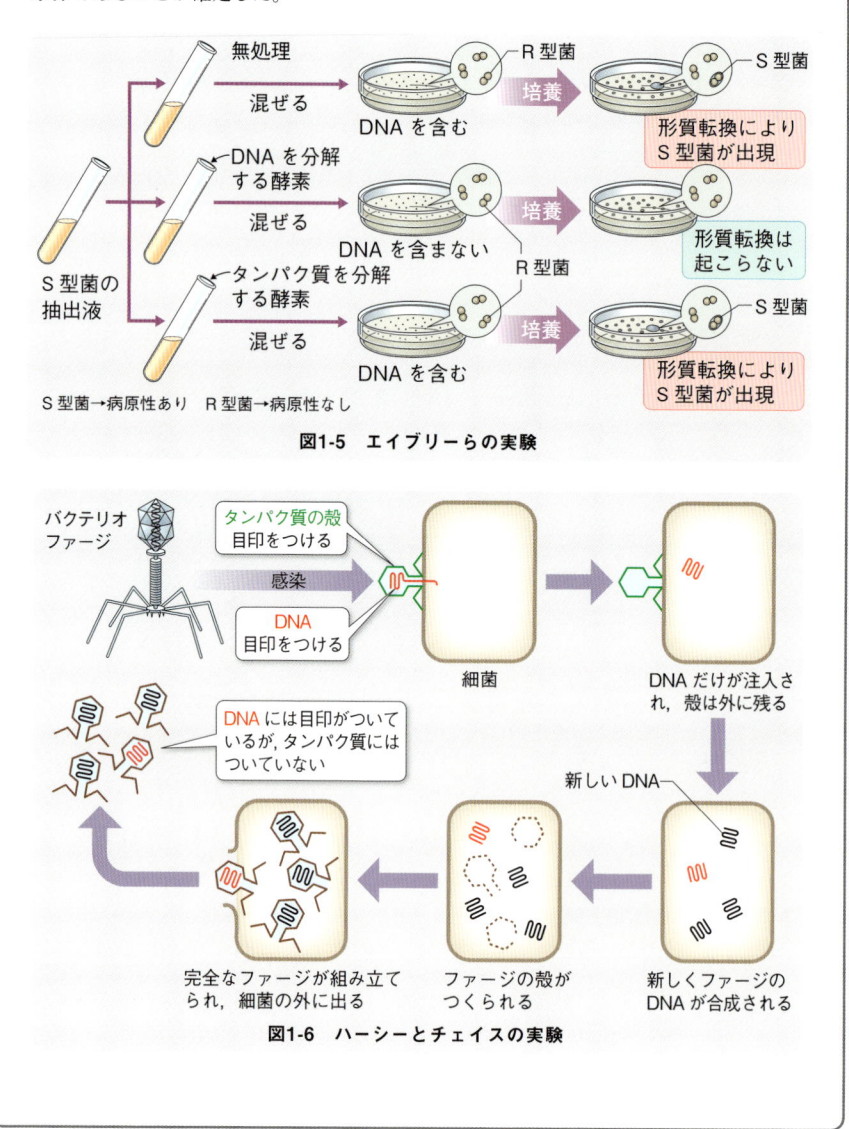

図1-5　エイブリーらの実験

図1-6　ハーシーとチェイスの実験

2 DNAの構造

1 DNAをつくる物質

DNA（デオキシリボ核酸）は，**ヌクレオチド**がいくつも連結した鎖状の分子である。ヌクレオチドは，**塩基**，**糖**，**リン酸**からなる。DNAを構成するヌクレオチドの糖はデオキシリボースで，塩基には**アデニン（A）**，**グアニン（G）**，**シトシン（C）**，**チミン（T）**の4種類がある。

ヌクレオチドどうしは，糖とリン酸の間で結合し，鎖状に連なっている。

補足 エネルギー通貨のATPもヌクレオチドである。核酸とは，核にある酸性の物質という意味で名付けられた。

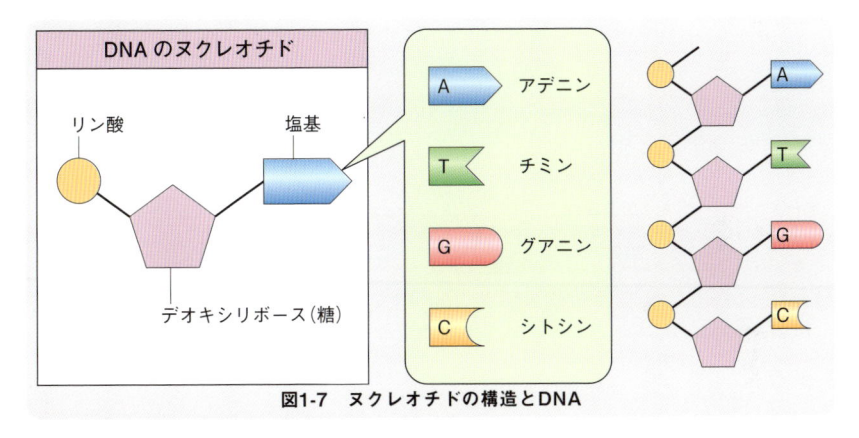

図1-7 ヌクレオチドの構造とDNA

2 DNAの二重らせん構造

DNAは，鎖状のヌクレオチドが2本一組となり，らせん構造をとっている。この構造をDNAの**二重らせん構造**という。**ワトソン**と**クリック**が1953年に二重らせん構造のモデルを提唱した。

AとT，GとCは，それぞれ互いにぴたりとはまり合うように結合する性質がある。そのため，DNAの塩基の割合を調べると，どのDNAでもAとTの割合は等しく，GとCの割合も等しい。分子の凸凹が補い合うように結合する性質のことを**相補性**という。

DNAの二重らせんモデルでは、糖とリン酸が結合してできる鎖の、糖の部分から塩基が内側に突き出ている。片方の鎖の塩基がAならば反対側の鎖の塩基はT、GならばCというように相補的な塩基が対をつくり、らせん階段のような構造になっている。塩基の並び順を**塩基配列**といい、塩基配列が遺伝子の情報を担っている。

> **発展**
> 塩基どうしは、**水素結合**とよばれる弱い結合でつながっている。AとTでは2ヶ所、GとCでは3ヶ所でそれぞれ水素結合が形成されている。

糖と
リン酸の鎖

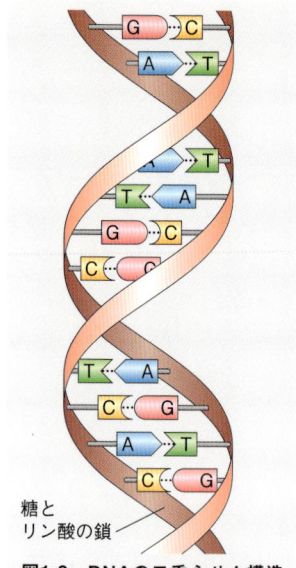

図1-8　DNAの二重らせん構造

POINT

- DNAはヌクレオチドが連結した分子である。
- ヌクレオチドは、塩基、糖、リン酸で構成されている。
- 塩基には、**A、G、C、T**の4種類があり、AとT、CとGが結合する。

参考　DNAの塩基組成

DNAのAとT、GとCの割合が等しいことを発見したのは**シャルガフ**(1950年)である。(塩基組成の割合(%)は実測値であり、誤差を含む。)

表1-1　DNAの塩基組成〔%〕(DNA中の塩基の数の割合)

	A	T	G	C
酵母菌	31.3	32.9	18.7	17.1
コムギの胚	26.8	28.0	23.2	22.0
ニワトリの赤血球	28.8	29.2	20.5	21.5
ウシの精子	28.6	27.2	22.2	22.0
ヒトの肝臓	30.3	30.3	19.5	19.9

3 遺伝子とゲノム

　ある生物の配偶子がもつ染色体DNAの全塩基配列を**ゲノム**という。そのゲノムの塩基配列をすべて明らかにして，すべての遺伝情報を解読しようとすることを**ゲノムプロジェクト**という。ヒトゲノムプロジェクトは2003年に完了した。現在では，イネやキイロショウジョウバエ，アメリカムラサキウニなど，さまざまな生物のゲノムも解読されている。（配偶子→p.58）

　ゲノムプロジェクトにより，ゲノムの大部分は遺伝子ではなく，ゲノムの一部のみが遺伝子であること，遺伝子はゲノムの中に点在していることが明らかになった。

参考　ゲノムサイズ

　ゲノムを構成する塩基の数を**ゲノムサイズ**といい，**ヒトのゲノムサイズは約30億塩基対**である。ヒトには**約2万2千個**の遺伝子があり，遺伝子には，タンパク質の情報を含む領域と，遺伝子の発現を調節するための情報を含む領域がある。ヒトでは，遺伝子はゲノムの約25%を占めるが，**タンパク質の情報を含む領域は，約1.5%**である。

表1-2　いろいろな生物のゲノムサイズと遺伝子の数

生物名	塩基対の数(100万)	遺伝子の数
大腸菌	4.64	4289
酵母	12	6286
キイロショウジョウバエ	176	約13600
アメリカムラサキウニ	814	約23000
ヒト	3000	約22000

> **POINT**
> - DNA＋タンパク質＝染色体
> - 配偶子がもつDNAの全塩基配列＝ゲノム
> - ゲノムの25％＝遺伝子
>   　　　タンパク質の情報（1.5％）＋遺伝子発現調節の情報（23.5％）

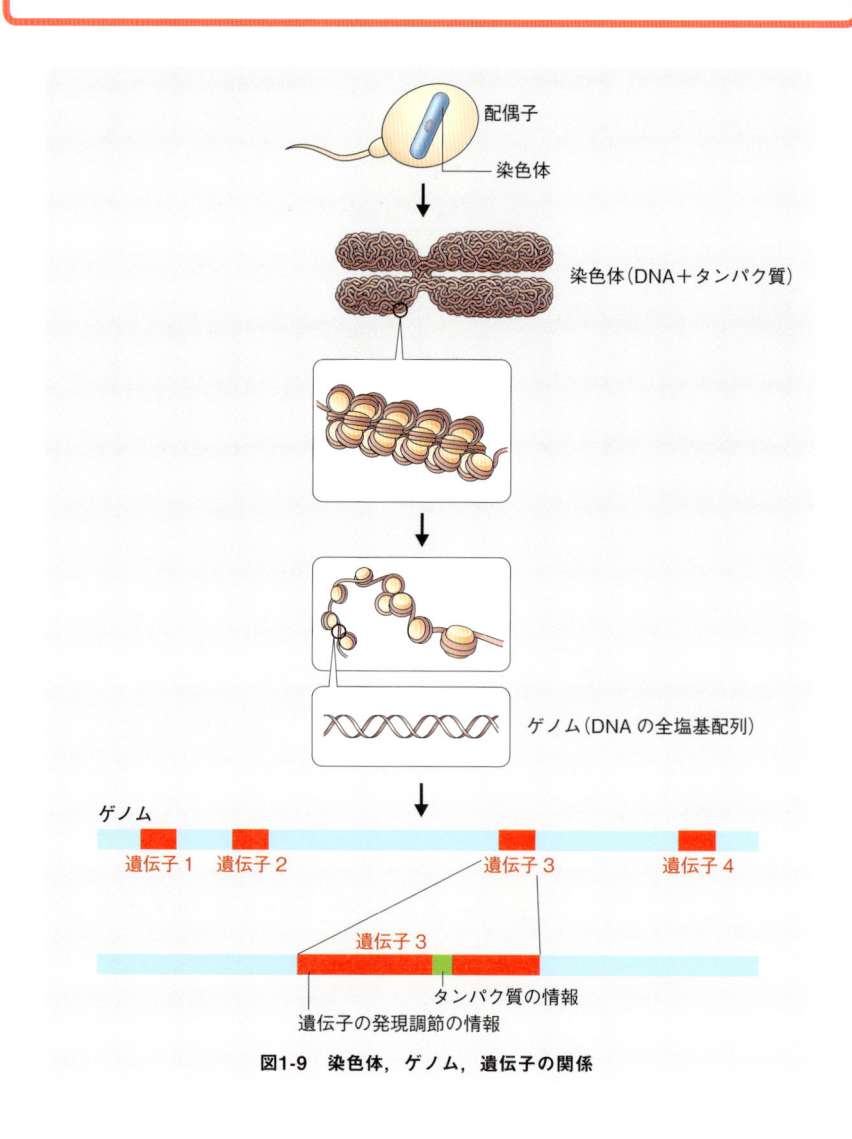

配偶子
染色体
染色体（DNA＋タンパク質）
ゲノム（DNAの全塩基配列）

ゲノム
遺伝子1　遺伝子2　　　　遺伝子3　　　遺伝子4

遺伝子3
タンパク質の情報
遺伝子の発現調節の情報

図1-9　染色体，ゲノム，遺伝子の関係

コラム　DNAをDVDに例えると…

　遺伝子の本体はDNAであり，遺伝情報はDNAの塩基配列として書かれている。しかし，DNAのすべてが遺伝子であるわけではない。英語のアルファベットをランダムに並べても意味をなさないが，ある特定の並べ方をすると意味をもつ。同じように，遺伝子ではないDNAの塩基配列はランダムであり意味をなさないが，遺伝子の部分は特定の意味をなすように塩基が並んでいる。

　書き込みができるDVDを購入したとしよう。購入したばかりのDVDは情報をもたない。録画するとその部分は情報をもつが，その他の部分には情報がない。DNAをDVDのように記録媒体に例えると，情報が書き込まれている部分が遺伝子にあたる。DVDの映像情報に始まりと終わりの印となる情報が書かれているように，遺伝子も塩基の配列によって，遺伝子の始まりと終わりの情報が記されている。

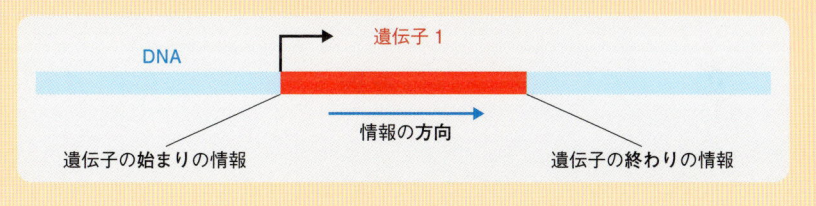

この章で学んだこと

イヌはイヌから生まれ，ヒトはヒトから生まれる。親と子，兄弟の姿は少しずつ違うがよく似ている。親から子に伝えられる形や性質の情報はDNAが担っている。この章では，DNAの構造や遺伝情報の伝わり方，遺伝子がDNAの本体であることがどのように解明されたのかについて学んだ。

1 遺伝子と染色体

1. **遺伝** 親の形質が，あとの世代に現れることを遺伝という。形質の遺伝には法則性があり，メンデルによって発見された。
2. **遺伝子** 形質を決める要素を遺伝子という。遺伝子の情報は，染色体に含まれるDNA（デオキシリボ核酸）にある。
3. **相同染色体** 体細胞には，形や大きさが同じ染色体が1対ある。この対になる染色体をいう。
4. **染色体のふるまい** 相同染色体は，減数分裂の際に分かれて別々の細胞に入るが，受精により新たな対をつくる。
5. **遺伝子のふるまい** 染色体のふるまいと遺伝子のふるまいは同じである。

発展 真核生物の染色体とDNA

2 遺伝子の本体の解明

1. **グリフィス** 非病原性の肺炎双球菌が病原性の肺炎双球菌に変化する現象を発見した。
2. **形質転換** 遺伝的な性質が変化することをいう。
3. **エイブリーら** DNAは形質転換を引き起こすことを示した。
4. **ハーシーとチェイス** バクテリオファージを用いた実験で，遺伝子の本体はDNAであることを証明した。

3 DNAの構造

1. **DNAの構造** DNAはヌクレオチドがいくつも連結した鎖状の分子であり，2本一組となって二重らせん構造をとっている。二重らせん構造のモデルは，ワトソンとクリックが提唱した。
2. **ヌクレオチド** 塩基，糖（デオキシリボース），リン酸で構成されている。
3. **DNAの塩基** アデニン（A），グアニン（G），シトシン（C），チミン（T）の4つの種類がある。
4. **相補性** AとT，GとCがそれぞれ対になって結合する性質。この性質のため，どのDNAでもAとT，GとCの割合は等しくなる。AとT，GとCの割合が等しいことを発見したのはシャルガフである。

4 遺伝子とゲノム

1. **ゲノム** ある生物の配偶子がもつDNAの全塩基配列をいう。ゲノムの塩基配列全てを明らかにする試みを，ゲノムプロジェクトとよぶ。
2. **ゲノムサイズ** ゲノムを構成する塩基（対）の数をいい，ヒトの場合は約30億塩基対である。
3. **発現を調節する領域** 遺伝子には，タンパク質の情報をもつ部分と，発現を調節するための情報をもつ部分がある。
4. **遺伝子の占める割合** ヒトでは，遺伝子はゲノムの約25％を占める。タンパク質の情報を含む領域は，ゲノムの約1.5％である。

確認テスト1

解答・解説は p.194

1 遺伝子について述べた文を読み，以下の問いに答えなさい。

遺伝の法則を発見したのは（　ア　）である。形質を決める要素を（　イ　）といい，（　イ　）は，（　ウ　）に含まれる（　エ　）という物質であることがわかっている。（　エ　）は，4種類の（　オ　）がいくつもつながった鎖状の分子である。（　オ　）は，糖，リン酸，（　カ　）からなる。DNAの糖は（　キ　）で，（　カ　）には，アデニン(A)，グアニン(G)，（　ク　）(C)，（　ケ　）(T)がある。これらは決まった対をつくり，（　コ　）構造をとっている。

(1) 文中の（　）に適する語を下記の語群から選びなさい。

語群
DNA　遺伝子　チミン　ウラシル　シトシン　タンパク質　ATP
メンデル　ヌクレオチド　塩基　染色体　酵素　相補性
デオキシリボース　グルコース　二重らせん　エイブリー

(2) 文中の下線，決まった対とは具体的に何か答えなさい。
(3) 文中の二重下線，（　コ　）構造のモデルを提唱した研究者2名は誰か。

2 遺伝子とゲノムに関する以下の文中に適切な語を答えなさい。

ヒトのゲノムサイズは，約（　1　）塩基対である。ヒトのDNAの分析を行なった（　2　）計画は2003年に完了し，その結果に基づいて遺伝子は約（　3　）個あることがわかった。DNA全体の中で，タンパク質の情報をもつ部分は（　4　）％にすぎない。一方，ショウジョウバエのゲノムの塩基対数は約1億2千万であるが，遺伝子の数は約13,000個であると推定された。ヒトの遺伝情報は細胞の内にある（　5　）に含まれているDNAの塩基配列として保存されている。また，DNAは（　6　）というタンパク質に巻きついてヌクレオソームという構造をつくっている。

（北里大学　改題，法政大学）

3　ゲノムに関する次の文章を読み，以下の問いに答えなさい。

　ゲノムを構成する塩基の数をゲノムサイズという。大腸菌のゲノムサイズは約500万塩基対，遺伝子数は約4000個である。酵母のゲノムサイズは約1200万塩基対，遺伝子数は約6000個である。

(1) 酵母のゲノムサイズは，大腸菌の何倍か。
(2) 酵母の遺伝子の数は，大腸菌の何倍か。
(3) 大腸菌の遺伝子一つあたりの平均的なサイズをゲノムサイズから推定しなさい。
(4) 酵母の遺伝子一つあたりの平均的なサイズをゲノムサイズから推定しなさい。
(5) ヒトのゲノムサイズは，約30億である。酵母の平均的な遺伝子サイズから，ヒトの遺伝子の数を推定しなさい。
(6) ヒトの遺伝子の実際の数は，約22,000である。このことと(5)からゲノムサイズと遺伝子について考えられることを答えなさい。

第2章
遺伝子とその働き

この章で学習するポイント

☐ DNA の複製
☐ 体細胞分裂のしくみ
☐ 母細胞と娘細胞

☐ 遺伝情報の分配
☐ 細胞周期とは
☐ 分裂期と間期
☐ 細胞あたりの DNA 量の変化
☐ 染色体の形状変化

1 DNAの複製

多細胞生物の体を構成する体細胞は，**体細胞分裂**によって増殖する。分裂する前の細胞を**母細胞**といい，分裂によって新しく生じる細胞を**娘細胞**という。細胞が分裂する前にはDNAが**複製**され，**全く同じ染色体がもう一組つくられる**。複製された染色体は，分裂によって生じた2つの娘細胞に均等に分配される。したがって，娘細胞は母細胞と同じ遺伝情報をもつ。

発展　DNAの複製のしくみ

DNAが複製されるときは，DNAの2重らせんがほどける。1本鎖になったそれぞれのDNAを鋳型にして，AにはT，GにはCのように，相補的な塩基をもつヌクレオチドが鋳型の塩基に結合して複製が進む。複製されたDNA2本鎖のうち一方はもとのDNAに由来し，片方は新しくつくられるため，このような複製様式を**半保存的複製**という。

補足　1958年，メセルソンとスタールにより，半保存的複製は証明された。

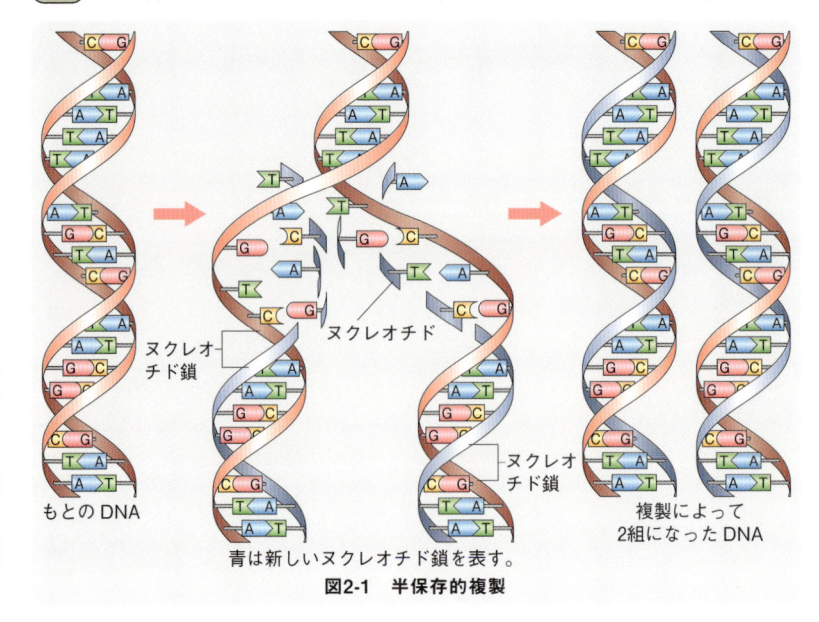

図2-1　半保存的複製

青は新しいヌクレオチド鎖を表す。

2 遺伝情報の分配

1 細胞周期

　細胞が分裂して娘細胞が生じ，娘細胞が母細胞になる一連の周期的な現象を**細胞周期**という。細胞周期は，細胞分裂が行われる**分裂期（M期）**と，分裂期以外の時期である**間期**に分けられる。

（補足）M期のMは，英語で分裂の意味を表すMitosisの頭文字である。

Ⓐ 分裂期

　細胞分裂は，染色体が分配される**核分裂**と，細胞質が2つに分かれる**細胞質分裂**からなる。分裂の過程は，染色体の形や分布の状態によって，**前期・中期・後期・終期**に分けられる。細胞質分裂は終期の最後に起こる。

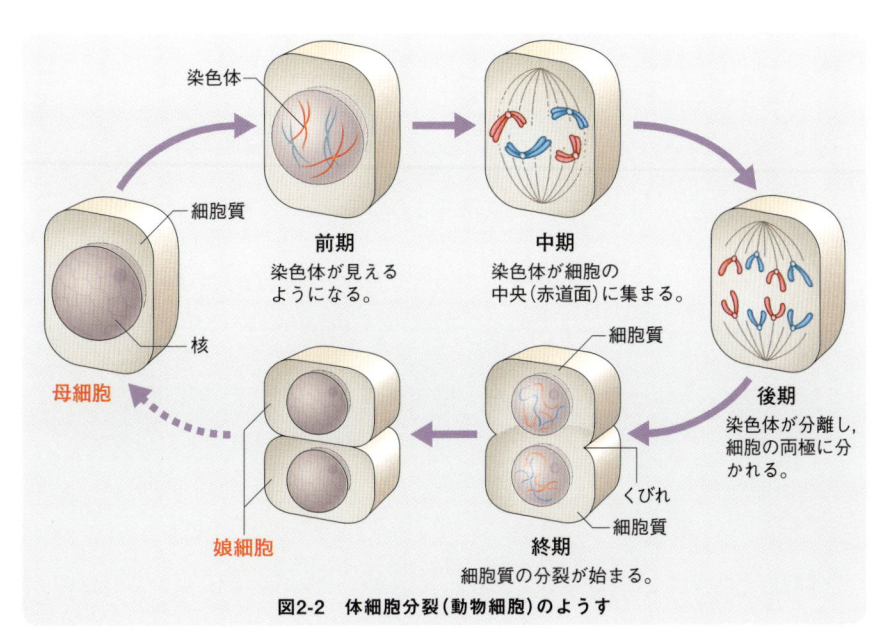

図2-2　体細胞分裂（動物細胞）のようす

体細胞分裂は，前期，中期，後期，終期の順に進行する。

B 間期

分裂が終わってから，次の分裂が始まるまでの間を間期という。DNA が複製される時期は DNA の合成が起こるため，合成の意味を表す英語の Synthesis の頭文字をとって **S 期（DNA 合成期）** という。M 期が終わってから S 期が始まるまでの間を **G_1 期（DNA 合成準備期）**，S 期が終わってから M 期が始まるまでの間を **G_2 期（分裂準備期）** という。G 期の G は，空白の意味を表す Gap の頭文字である。

G_1 期で長時間止めている細胞がある。このような細胞は，細胞周期に入っていないと考え，**G_0 期** にあるとする。

補足 神経細胞や心臓の心筋細胞のほとんどは G_0 期に入っている。

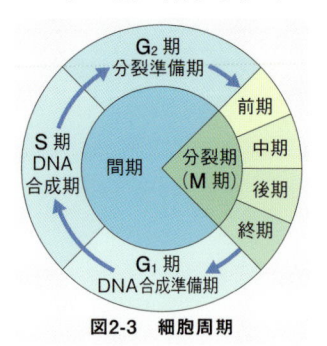

図2-3　細胞周期

2 細胞の DNA 量

体細胞の核に含まれる DNA 量は，G_1 期を 1 とすると，S 期には DNA 合成にともなって DNA 量が増加し，G_2 期には 2 になる。M 期に核分裂が終了し，2 つの娘細胞に均等に DNA が分配されると，DNA 量は再び 1 に戻る。

生殖細胞をつくる減数分裂では，染色体が半数になる。そのため，精子や卵では，核の DNA 量は体細胞の半分（1/2）になる。受精により，精子と卵が合体すると，DNA 量は体細胞と同じ 1 になる。

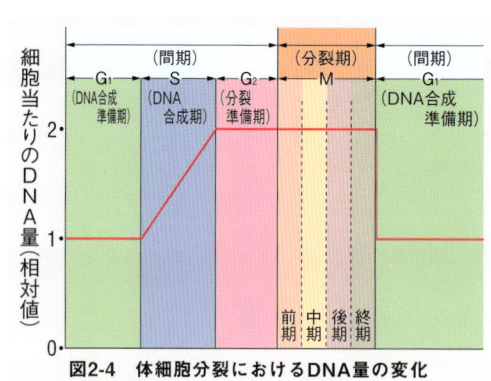

図2-4　体細胞分裂におけるDNA量の変化

POINT

- 体細胞分裂では DNA が複製される。→ G_2 期の DNA 量は G_1 期の 2 倍になる。
- 複製された DNA は均等に娘細胞に分配される。

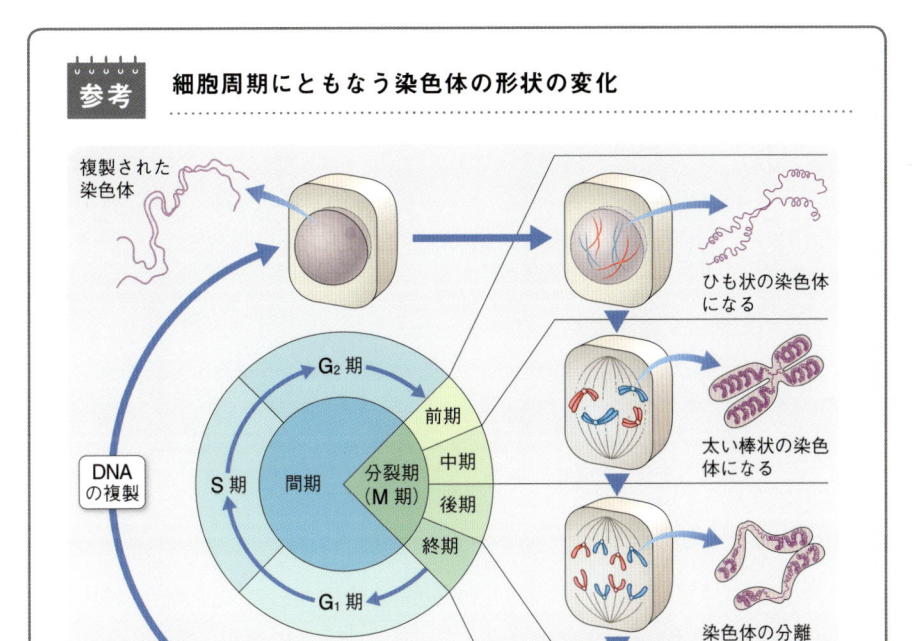

参考 細胞周期にともなう染色体の形状の変化

図2-5 細胞周期と染色体の形状の変化

コラム　サイクリンの発見

　イギリスの科学者ティモシー・ハントは，細胞分裂の周期がそろっているウニの受精卵の性質を利用し，ウニから細胞周期を調節するタンパク質のサイクリンを発見した。特定のタンパク質を化学的に検出するには，多くの細胞からタンパク質を取り出して調べなければならない。普通の組織の細胞は，細胞の周期がまちまちであり，特定の周期に現れるタンパク質を化学的に検出することができない。ウニでは，数百万個の卵を同時に受精させることができ，同時に受精した卵は同時に細胞分裂する。そのため，すべての細胞の周期が一致している。サイクリンは，ヒトでも同じ働きをしており，がんの発症のしくみにもかかわる。この研究業績により，ハントは2001年にノーベル生理学・医学賞を受賞した。

この章で学んだこと

細胞が分裂して娘細胞が生じ，娘細胞が母細胞になる現象を細胞周期という。遺伝情報を担うDNAはその過程で複製され，分配される。この章では，遺伝情報がどのように分配され，受け継がれていくのかを学んだ。細胞分裂にともなって起こる染色体の変化についても理解を深めた。

1　DNAの複製
1. **体細胞分裂**　体を構成する体細胞の分裂のこと。分裂する前の細胞を母細胞といい，分裂によって生じた細胞を娘細胞という。
2. **DNAの複製**　細胞が分裂する前にDNAが複製され，全く同じ染色体がもう一組つくられる。
3. **染色体の分配**　複製された染色体は，娘細胞に均等に分配される。
- **発展 DNAの複製のしくみ**　DNAの二重らせんがほどけ，一本鎖になったDNAを鋳型として複製される。半保存的複製という。

2　細胞周期
1. **細胞周期**　細胞分裂が行われる分裂期と，分裂期以外の時期である間期に分けられる。
2. **分裂期(M期)**　複製された染色体を均等に分配する核分裂のあと，娘細胞を生じる細胞質分裂が起こる。
3. **分裂の過程**　核分裂は，染色体の形や動きから，前期，中期，後期，終期に分けられる。
4. **細胞質分裂**　終期の最後に起こる。動物細胞では，細胞がくびれて分裂する。
5. **間期**　分裂が終わってから，次の分裂が始まるまでの期間のこと。G_1期，S期，G_2期に分けられる。
6. **G_1期**　分裂期が終わってから，S期が始まるまでの時期。
7. **S期**　DNAが複製される時期。
8. **G_2期**　S期が終わってから分裂期が始まるまでの時期。
9. **G_0期**　G_1期で止まっている細胞があるが，これは細胞周期に入ってないと考え，G_0期にあるとする。

3　細胞のDNA量
1. **体細胞のDNA量**　G_1期を1とすると，G_2期は2となる。2つの娘細胞にDNAが分配されると，再び1に戻る。
2. **生殖細胞のDNA量**　減数分裂では染色体が半数になるため，DNA量は体細胞の半分(1/2)になる。
3. **受精によるDNA量の変化**　卵と精子が合体すると，DNA量は体細胞と同じになる。

4　分裂期の染色体のようす
1. **前期**　凝縮し，ひも状になる。
2. **中期**　さらに凝縮し，太い棒状になる。細胞の中央(赤道面)に集まる。
3. **後期**　2つに分離し，細胞の両極に分かれる。
4. **終期**　ほどけてひも状になり，分散する。

確認テスト2

解答・解説は p.194

生物基礎 2部

1 細胞は，DNA 合成準備期(G_1期)，DNA 合成期(S 期)，分裂準備期(G_2期)および分裂期(M 期)という細胞周期とよばれるサイクルを繰り返すことにより増殖する。マウスの体細胞分裂および細胞周期に関する正しい記述を，次の①～⑧から3つ選びなさい。

① 体細胞分裂では，まず細胞質分裂が起こり，続いて核分裂が起こる。
② 体細胞分裂では，まず核分裂が起こり，続いて細胞質分裂が起こる。
③ M 期終了から次の M 期の開始までの間を間期とよぶ。
④ G_1 期と S 期をあわせた期間を間期とよぶ。
⑤ 多くの動物の体細胞では，M 期の前期になると染色体が中央に並ぶ。
⑥ 多くの動物の体細胞では，細胞の中央部の表面がくびれた後，細胞質が2つに分かれる。
⑦ 各染色体は，M 期の中期になると分離して移動を始める。
⑧ 体細胞分裂では，娘細胞と母細胞のもつ DNA は同じだが，量は異なる。

(北里大学　改題)

2 DNA の働きには，もとの DNA とまったく同じ DNA をつくること(複製)や，遺伝情報を他の物質に伝達して，形質として表すこと(形質発現)がある。以下の問いに答えなさい。

(1) ある DNA の 2 本のヌクレオチド鎖の一方が ATGGCAGCTA の塩基配列をもつ場合，これと対になる他方のヌクレオチド鎖の塩基配列はどのようになるか。

発展 (2) メセルソンとスタールが実験的に証明した DNA 複製の方式はどれか。下記の語群(ア)～(オ)から1つ選び，記号を記入しなさい。

(ア) 分散的複製　　(イ) 全保存的複製　　(ウ) 半保存的複製
(エ) 連続複製　　(オ) 不連続複製

(3) 体細胞分裂の周期における DNA 量の変化を表した次の図の記号(a)～(e)に該当する時期はどれか。あとの(ア)～(オ)から選び，記号を記しなさい。

核あたりのDNA量（相対値）

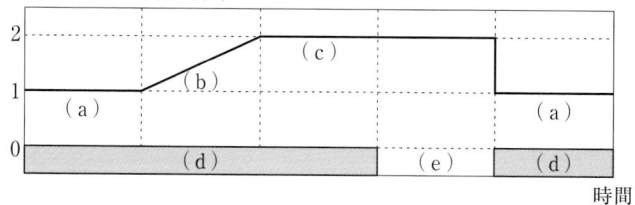

(a) (b) (c) (a)
(d) (e) (d)
時間

（ア） G_1 期　　（イ） G_2 期　　（ウ） S 期　　（エ） 分裂期　　（オ） 間期

(九州産業大学　改題)

3　以下の図は，体細胞分裂における各時期の染色体を模式的に示したものである。(1)〜(3)に答えなさい。

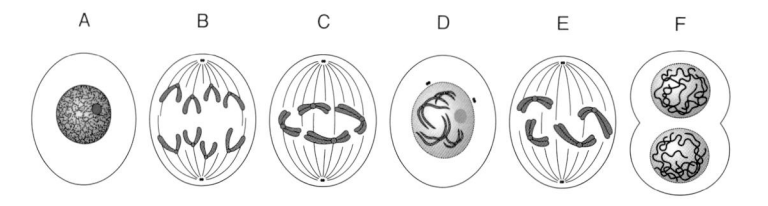

A　B　C　D　E　F

盛んに分裂を繰り返している細胞を，光学顕微鏡を用いて任意の視野ですべて数え，図のA〜Fに示した各時期に対応させて表にまとめた。この細胞が分裂期（B〜F：順序不同）に要する時間は2時間であった。ただし，Aは間期の図とする。また，観察したすべての細胞の細胞周期の長さは同じであると仮定する。

時期	A	B	C	D	E	F
細胞数	560	8	13	21	20	18

(1) この細胞の細胞周期に要する時間は何時間か（小数点以下が出る場合は四捨五入しなさい）。

(2) 分裂期の後期に要する時間は何分か（小数点以下が出る場合は四捨五入しなさい）。

(3) A〜Fを，Aを先頭として細胞周期が進む順に並べなさい。

(岡山大学　改題)

第3章

遺伝情報と
タンパク質の合成

この章で学習するポイント

- □ **遺伝情報の流れ**
  - □ セントラルドグマとは
  - □ RNAをつくる物質

- □ **転写**
  - □ 転写とは
  - □ 転写のしくみ

- □ **翻訳**
  - □ 翻訳とは
  - □ 翻訳のしくみ
  - □ アミノ酸の指定とタンパク質
  - □ タンパク質の働き

- □ **遺伝子の発現**
  - □ 遺伝子の選択的な発現
  - □ 細胞分化

1 遺伝情報と RNA

タンパク質には，体の構造をつくるタンパク質や，酵素の働きをするタンパク質など，多くの種類がある。タンパク質は，生命の活動のさまざまな場面で重要な役割を果たしている。遺伝子の情報をもとにタンパク質が合成され，形質が現れることを遺伝子の**発現**という。特定のタンパク質は，特定の遺伝子の情報をもとにつくられる。

タンパク質はアミノ酸が連なって構成されており，**タンパク質の種類ごとに，アミノ酸の配列が決まっている。タンパク質のアミノ酸の配列は，DNA の塩基配列によって決められている。**

1 セントラルドグマ

遺伝情報は，DNA の塩基配列として保存されている。DNA の塩基配列は，まず **RNA** に写し取られる（転写）。次に RNA の情報をもとにアミノ酸が連結し，最終的にタンパク質が合成される（翻訳）。情報の流れの方向は決まっており，タンパク質のアミノ酸配列の情報から RNA や DNA が合成されることはない。この **DNA → RNA → タンパク質**という情報の流れを**セントラルドグマ**とよぶ。

2 RNA の構造

RNA はヌクレオチドがいくつも連結した鎖状の構造をしており，DNA の構造とよく似ている。RNA の糖は，**リボース**であり，DNA のデオキシリボースと異なる。塩基は A，G，C，U の 4 種類である。DNA では T が用いられるが，RNA では代わりに**ウラシル(U)** となっている。

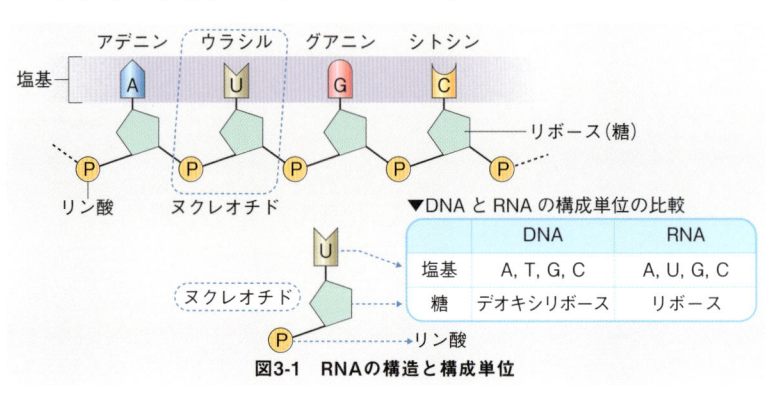

▼DNA と RNA の構成単位の比較

	DNA	RNA
塩基	A, T, G, C	A, U, G, C
糖	デオキシリボース	リボース

図3-1　RNAの構造と構成単位

タンパク質のアミノ酸配列の情報をもつRNAを特に，**mRNA（伝令RNA）**という。

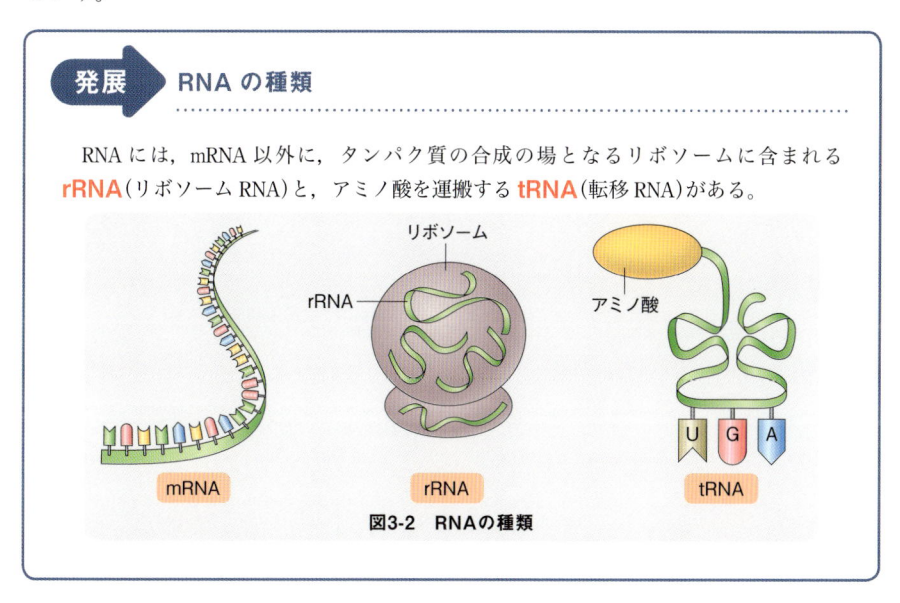

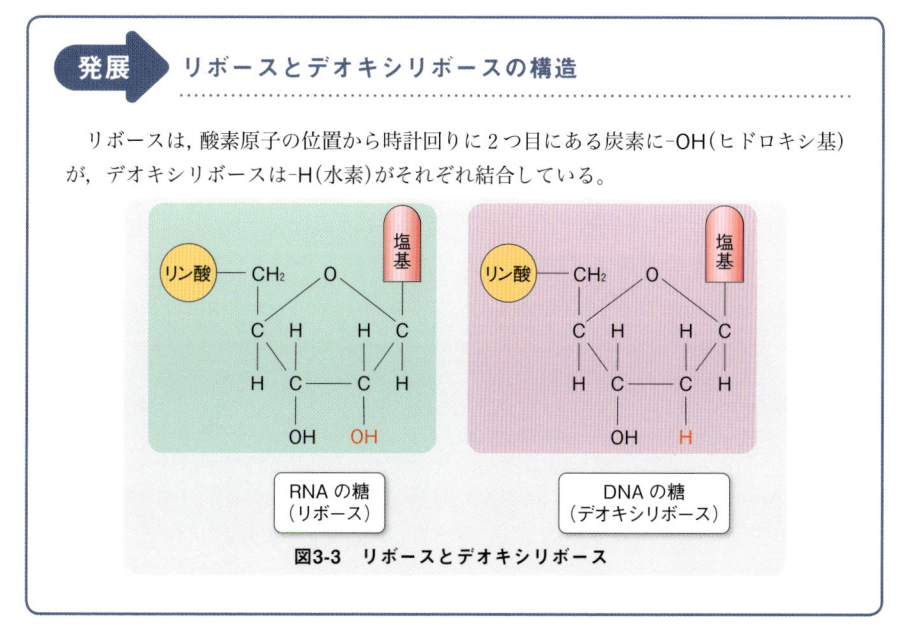

発展　RNAの種類

RNAには，mRNA以外に，タンパク質の合成の場となるリボソームに含まれる**rRNA**（リボソームRNA）と，アミノ酸を運搬する**tRNA**（転移RNA）がある。

図3-2　RNAの種類

発展　リボースとデオキシリボースの構造

リボースは，酸素原子の位置から時計回りに2つ目にある炭素に-OH（ヒドロキシ基）が，デオキシリボースは-H（水素）がそれぞれ結合している。

図3-3　リボースとデオキシリボース

2 転写

　DNAの塩基配列がRNAに写し取られることを**転写**という。転写の際，DNAはまず1本ずつのヌクレオチド鎖となる。そして，1本鎖となったDNAのA，G，C，Tに対して，それぞれ相補的なU，C，G，Aをもつヌクレオチドが配列し，連結されてRNAとなる。

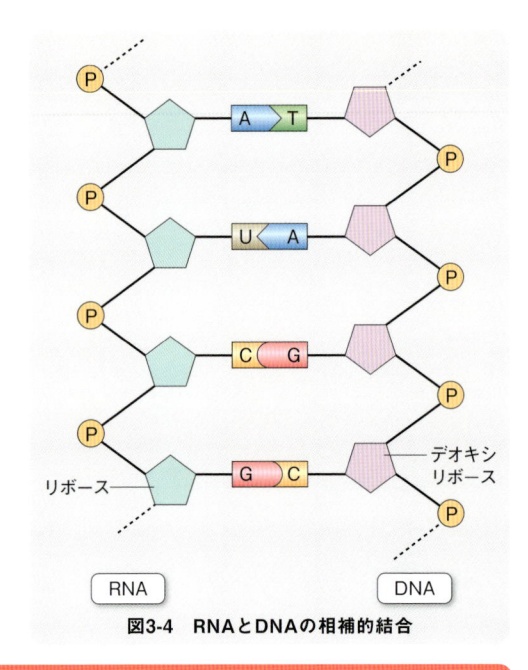

図3-4　RNAとDNAの相補的結合

> **POINT**
> - **転写**→DNAの塩基配列がRNAに写し取られること。
> - DNAとRNAの塩基は相補的に結合する。
> - DNAのAとRNAのUは結合する。

発展　転写のしくみ

　遺伝子のもつタンパク質の情報は，DNA 2本鎖の片方の鎖にある。DNA 2本鎖がほどけ，片方の鎖の塩基に相補的なヌクレオチドが連結することにより，DNA の塩基配列はタンパク質の情報として RNA に転写される。反対側の DNA 鎖は転写されない。RNA の合成は，**RNA ポリメラーゼ**とよばれる酵素の働きによって行われる。遺伝子の情報を写し取った mRNA は，核膜の孔(核膜孔)を通って細胞質に出る。

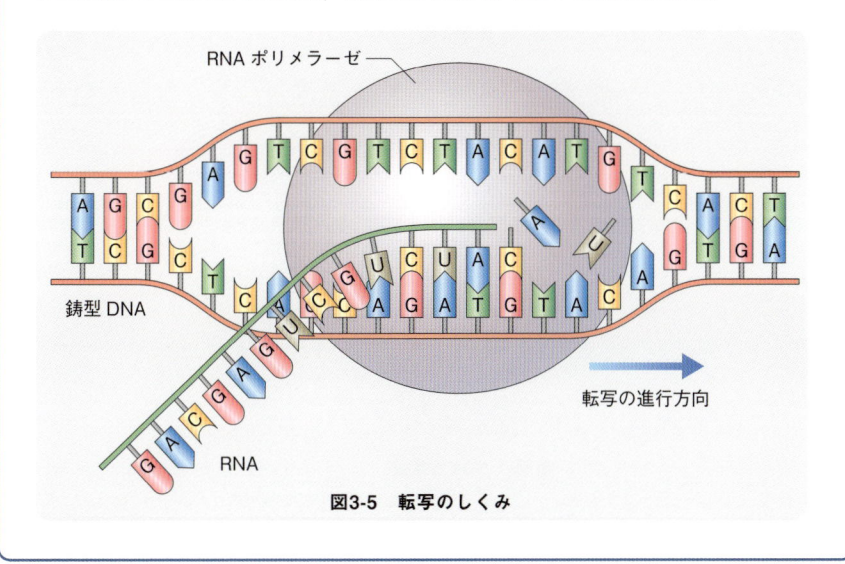

図3-5　転写のしくみ

発展　逆転写

　セントラルドグマは遺伝情報の流れの大原則であるが，あてはまらない例もある。ウイルスの中には，RNA をゲノムとする**レトロウイルス**がいる。真核生物には RNA を複製するしくみがないので，本来ならば感染しても増殖できないはずである。しかし，レトロウイルスは，RNA を鋳型として DNA を合成することができる。これを**逆転写**とよび，この反応を促すのが**逆転写酵素**である。レトロウイルスが感染すると，一緒にもち込まれた逆転写酵素で RNA ゲノムは DNA に転写される。DNA となったウイルスゲノムは，細胞の DNA 複製のしくみを利用して複製，増幅する。そして細胞から外に出るときに，DNA を鋳型としてゲノム RNA を合成し，殻を被ってウイルスとなる。HIV(ヒト免疫不全ウイルス)はレトロウイルスのグループに属する。

3 翻訳

　DNAの塩基配列はmRNAに写し取られたあと，アミノ酸の配列に読みかえられる。mRNAの塩基配列の情報がアミノ酸の配列に読みかえられる過程を**翻訳**とよぶ。**mRNAの3つの塩基が一組となって，1つのアミノ酸が指定される。**

補足　タンパク質を構成するアミノ酸は20種類ある。

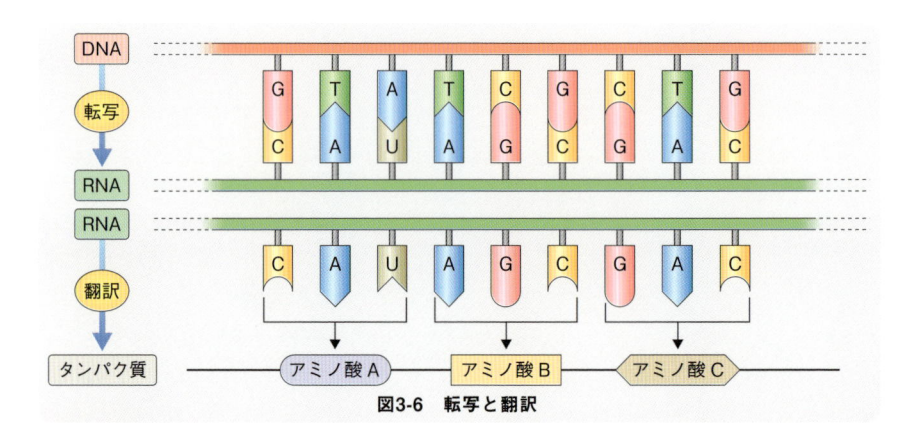

図3-6　転写と翻訳

POINT
- mRNAの塩基配列の情報をもとに，タンパク質を合成することを**翻訳**という。
- mRNAの3つの塩基一組で1つのアミノ酸を指定する。

発展　翻訳のしくみ

1 遺伝暗号

　mRNAの塩基3つで特定の1つのアミノ酸を指定する。アミノ酸を指定する3つ一組の塩基配列を**トリプレット**(3つ一組の意味)とよぶ。トリプレットは暗号に見立てられるため，**コドン**(暗号の意味)とよばれる。

　3つ一組の塩基配列の組合わせは64通りある。64通りのコドンで20種類のアミノ酸を指定するため，複数種類のコドンが一つのアミノ酸を指定する例も多い。また，対応するアミノ酸をもたないコドンも存在する。

表 3-1　遺伝暗号表

第1番目の塩基	第2番目の塩基 ウラシル(U)	シトシン(C)	アデニン(A)	グアニン(G)	第3番目の塩基
U	UUU, UUC フェニルアラニン / UUA, UUG ロイシン	UCU, UCC, UCA, UCG セリン	UAU, UAC チロシン / UAA (終止)** / UAG (終止)	UGU, UGC システイン / UGA (終止) / UGG トリプトファン	U C A G
C	CUU, CUC, CUA, CUG ロイシン	CCU, CCC, CCA, CCG プロリン	CAU, CAC ヒスチジン / CAA, CAG グルタミン	CGU, CGC, CGA, CGG アルギニン	U C A G
A	AUU, AUC, AUA イソロイシン / AUG メチオニン(開始)*	ACU, ACC, ACA, ACG トレオニン	AAU, AAC アスパラギン / AAA, AAG リシン	AGU, AGC セリン / AGA, AGG アルギニン	U C A G
G	GUU, GUC, GUA, GUG バリン	GCU, GCC, GCA, GCG アラニン	GAU, GAC アスパラギン酸 / GAA, GAG グルタミン酸	GGU, GGC, GGA, GGG グリシン	U C A G

＊開始コドン…メチオニンを指定するコドンであると同時に，タンパク質の合成を開始する目印としての働きをもつ。
＊＊終止コドン…対応するアミノ酸がないので，タンパク質の合成が止まる。

2 翻訳

　転写されたmRNAが核から細胞質に出ると，mRNAにリボソームが結合する。リボソームでは，mRNAのコドンの情報に基づき，アミノ酸が次々に連結される。アミノ酸をリボソームに運ぶのは**tRNA**(転移RNA)である。20種類のアミノ酸それぞれに，専門的に対応するtRNAがあり，特定のtRNAは特定のアミノ酸を結合している。

　tRNAはコドンに相補的に結合する**アンチコドン**をもっている。アンチコドンの部分でmRNAのコドンに結合すると，リボソームはmRNA上に並んだtRNAがもつアミノ酸を連結していく。その結果，mRNAのコドンの情報にしたがってタンパク質が合成される。

図3-7　翻訳のしくみ

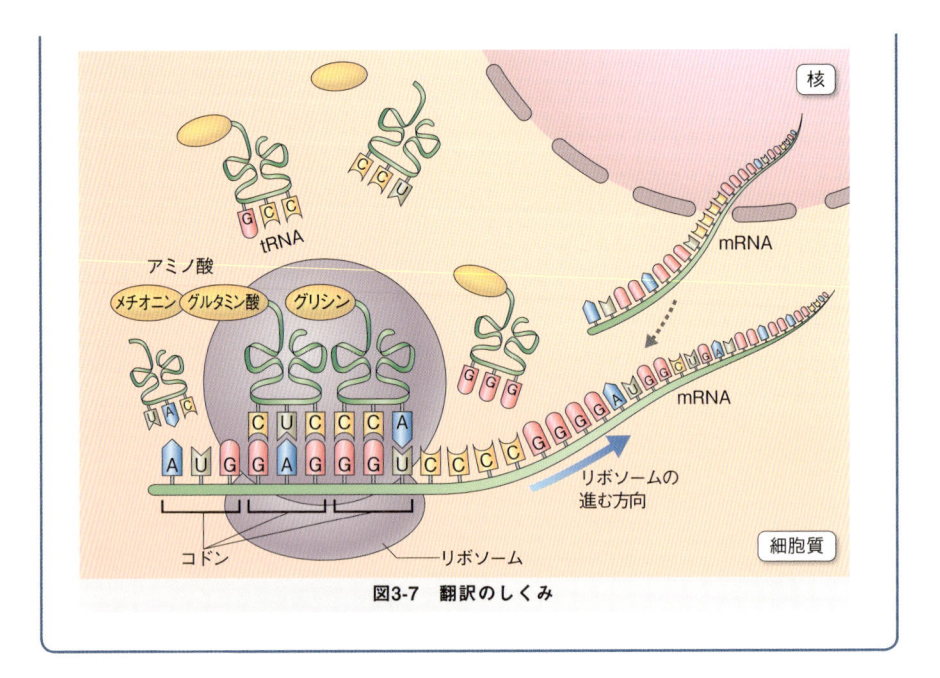

コラム　RNAは分解されやすい

　細胞分裂期以外は，DNAは大切に核の中に収められている。DNAの遺伝子の情報はRNAとしてコピーされ，RNAの情報をもとにタンパク質が合成される。DNA分子は分解されにくい性質があるが，RNAは分解されやすく，すぐに消失する。DNAは遺伝情報の原本であり，正確に複製して娘細胞に分配しなければならないため，安定した分子なのである。では，RNAが分解されやすいのはなぜだろうか。

　細胞は環境に合わせて，特定の遺伝子を発現する。環境は変化するため，遺伝子の発現も変化させ，適切なタンパク質を合成する必要がある。いつまでも同じタンパク質をつくっていては状況の変化に対応できなくなる。使い終わったタンパク質の遺伝情報のコピー（mRNA）は速やかに捨てて，そのときに必要な新しいタンパク質を合成することが重要なのだ。

4 タンパク質のさまざまな働き

タンパク質の種類は多く，生命活動のさまざまな場面で働いている。**酵素**や動物の組織の構造を保つ**コラーゲン**，血糖濃度を調節するホルモンの**インスリン**などは，どれもタンパク質でできている。

補足　ヒトのタンパク質は **10 万種類以上**ある。赤血球に含まれる**ヘモグロビン**，白血球が産生する抗体もタンパク質である。

> 発展　**タンパク質の構造**
>
> アミノ基とカルボキシ基の両方をもつ化合物をアミノ酸という。タンパク質は 20 種類のアミノ酸で構成されており，アミノ酸の種類によって側鎖 R が異なる。
>
> アミノ酸とアミノ酸が，アミノ基とカルボキシ基の部分で結合する様式を，**ペプチド結合**という。アミノ酸がペプチド結合により多数結合した鎖状のものを**ポリペプチド**といい，タンパク質はポリペプチドでできている。ポリペプチドは，鎖の中や，鎖の間で弱く結合することにより，一定の立体的な構造をとる。タンパク質の立体構造は，ポリペプチドを構成するアミノ酸の側鎖の影響を受けるため，**タンパク質の種類ごとに立体構造が異なる**。タンパク質の立体構造は，生命活動におけるタンパク質の働きと深くかかわっている。 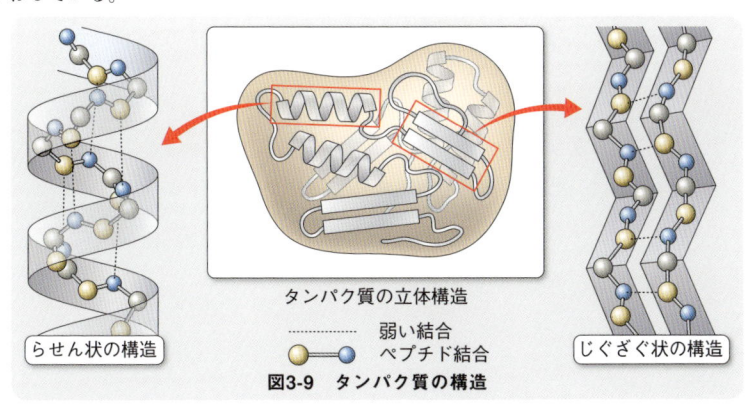
>
> 図3-8　アミノ酸の構造
>
> 図3-9　タンパク質の構造

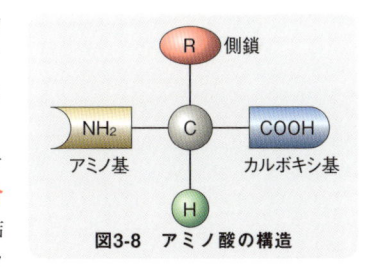

第3章　遺伝情報とタンパク質の合成

5 遺伝子の発現と生命活動

　多細胞生物は受精したあと，細胞分裂を繰り返して体の細胞数を増やすとともに，やがて細胞は特定の働きをもつようになる。たとえば肝臓の細胞は肝臓として，脳神経の細胞は脳神経としての機能を果たすようになる。

　細胞は，体細胞分裂の過程でDNAを複製し，娘細胞に均等に分配している。したがって，**どの種類の細胞も，すべての遺伝子をもっている**ことになる。すべての遺伝子をもちながら，細胞が特定の働きをもつようになるのは，**特定の遺伝子を選択的に発現させている**からである。細胞が特定の働きをもつようになることを**細胞分化**といい，分化した細胞では特定の遺伝子が発現している。

表 3-2　さまざまな細胞と発現する遺伝子

	クリスタリン遺伝子	ヘモグロビン遺伝子	インスリン遺伝子	アミラーゼ遺伝子	呼吸関連遺伝子（発展）
水晶体細胞	＋	－	－	－	＋
赤血球	－	＋	－	－	＋
すい臓の細胞	－	－	＋	－	＋
だ腺細胞	－	－	－	＋	＋

＋は発現していることを，－はしていないことを示す。

（補足）ヒトでは約200種類の細胞があるが，呼吸にかかわる酵素のように，**どの細胞にも必要なタンパク質の遺伝子は，どの細胞でも発現している**。
　水晶体細胞がつくる眼のレンズは，クリスタリンとよばれるタンパク質で構成されている。

POINT
- 細胞が特定の働きをもつようになることを**細胞分化**という。
- 特定の**遺伝子を選択的に発現**させることにより細胞は分化する。

発展　遺伝子の利用の実際

1 遺伝子組換え

　生物から取り出した DNA や，人工的に合成した DNA など，異なる DNA 分子を試験管の中で結合させることを**遺伝子組換え**という。例えば，ヒトの特定のタンパク質の遺伝子に，GFP とよばれるクラゲの光るタンパク質の遺伝子を結合させたとしよう。ヒトの細胞にこの組換え遺伝子を入れると，ヒトのタンパク質とクラゲの GFP が連結したタンパク質が合成される。タンパク質の多くは，無色透明なため見ることができず，他のタンパク質と見分けがつかない。しかし，GFP がついたタンパク質は光るため，細胞内での動きをリアルタイムで見ることができる。遺伝子組換えにより，人工タンパク質の合成や，遺伝子の働きを調節するしくみの解析が可能になり，今や生命科学の進歩になくてはならない技術になっている。

　補足　GFP の研究で，下村修博士は 2009 年にノーベル化学賞を受賞した。

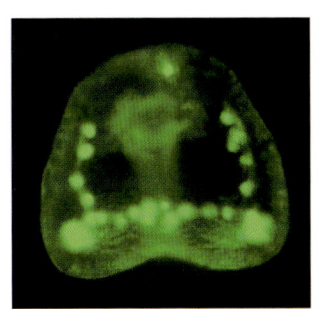

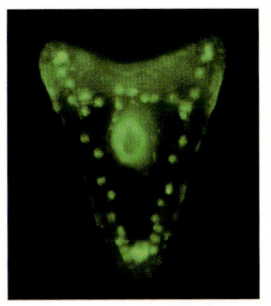

▲GFP の発現

写真はウニの幼生。緑色に光っているのは GFP をつけた骨のタンパク質である。

2 遺伝子診断と遺伝子治療

　ある集団の大多数がもつ遺伝子の塩基配列とは異なる塩基配列をもつようになることを，遺伝子の**変異**という。遺伝子に変異があると病気を引き起こすことがある。個人の遺伝子の塩基配列を解析して，病気の原因となる変異があるか調べることを**遺伝子診断**という。遺伝子に変異があることをあらかじめ知っておけば，病気の予知が可能となり予防することができるかもしれない。しかし，治療法がない不治の病になることを知ってしまう可能性もある。

　正常に働かない遺伝子をもつ患者の細胞に，正常な遺伝子を入れる治療法がある。遺伝子を操作する治療を**遺伝子治療**という。遺伝病の克服に有望な治療法であるが，遺伝子を組み込むことによってがんを引き起こす可能性もあり，課題も多く残されている。

第3章　遺伝情報とタンパク質の合成

この章で学んだこと

生命活動を担うタンパク質は，遺伝情報をもとに合成される。この章では，DNA のもつ遺伝情報が，どのようにしてタンパク質に置き換えられるのか，その過程について詳しく学んだ。また，タンパク質のもつさまざまな働きについても理解を深めた。

1 遺伝情報と RNA

1. **遺伝情報の保持** 遺伝情報は DNA の塩基配列として保存されている。
2. **遺伝情報の流れ** DNA の塩基配列は RNA に写し取られ，RNA の情報をもとにタンパク質が合成される。
3. **セントラルドグマ** DNA → RNA → タンパク質という情報の流れをいう。遺伝子発現の大原則である。
4. **RNA の構造** RNA のヌクレオチドは，リボースにリン酸と塩基が結合している。
5. **RNA の塩基** アデニン，グアニン，シトシン，ウラシルの4種類がある。
6. **mRNA** タンパク質のアミノ酸配列の情報をもつ RNA のこと。
- 発展 **RNA の種類** mRNA，rRNA，tRNA がある。
- 発展 **リボースとデオキシリボースの構造**

2 転写

1. **転写** DNA の塩基配列が RNA に写し取られること。
2. **塩基の相補性** DNA と RNA の塩基は相補的に結合する。DNA の A には RNA の U が結合する。
- 発展 **転写のしくみ** RNA ポリメラーゼの働きによって行われる。
- 発展 **逆転写** RNA から DNA が合成されること。

3 翻訳

1. **発現** 遺伝子の情報をもとにタンパク質が合成され，形質が現れること。
2. **タンパク質の構造** タンパク質はアミノ酸が連なって構成されている。
3. **アミノ酸の種類** タンパク質を構成するアミノ酸は 20 種類ある。
4. **翻訳** mRNA の塩基配列の情報が，アミノ酸の配列に読みかえられること。
5. **アミノ酸の配列** タンパク質の種類によって決まっている。
6. **アミノ酸の指定** mRNA の3つの塩基が一組となって，1つのアミノ酸が指定される。
- 発展 **翻訳のしくみ** tRNA により運ばれてきたアミノ酸が連結する。

4 タンパク質の働き

1. **タンパク質の種類** ヒトでは，10万種類以上ある。
2. **酵素** 代謝にかかわる。
3. **コラーゲン** 動物の体の構造を保つ。
4. **インスリン** 血糖濃度を調節する。
- 発展 **タンパク質の構造**

5 遺伝子の発現と生命活動

1. **細胞の分化** 細胞が特定の働きをもつようになること。
2. **選択的な遺伝子発現** 細胞が特定の働きをもつのは，特定の遺伝子を選択的に発現させているためである。
- 発展 **遺伝子の利用の実際** 遺伝子組換え，遺伝子診断，遺伝子治療など。

確認テスト3

解答・解説は p.195

1 以下の文章の空欄に適当な語句を入れて文章を完成させなさい。

多くの遺伝子発現の第1段階は，DNA鎖中の塩基配列を，RNA鎖の塩基配列に写す反応である。RNAは糖・塩基・(1)が結合した(2)を構成成分としており，この点ではDNAと共通である。しかしDNAとRNAは，次の点で違っている。DNAの糖が(3)であるのに対しRNAの糖は(4)であること，RNAはDNAの塩基に含まれる(5)を含まず，代わりに(6)を含んでいること，さらにほとんどのRNAは(7)本鎖ではなく(8)本鎖であることである。RNAは，DNAの二本鎖の片方を鋳型として，その塩基と相補的な塩基をもつ(2)から合成される。これを(9)という。(9)に続き，遺伝子発現の第2段階である(10)が始まる。(10)は，RNAの情報をもとに，タンパク質が合成される反応である。

（大阪医科大学　改題）

2 以下の問いに答えなさい。
(1) DNAの次の塩基と相補的に結合するRNAの塩基を答えなさい。
① アデニン　② グアニン　③ シトシン　④ チミン
(2) RNAに関する記述のうち正しいものを，次の①〜④の中から選びなさい。
① RNAは，アデニンとウラシルの割合，グアニンとシトシンの割合がそれぞれ同じである。
② 転写によって2本鎖のRNAが合成される。
③ RNAは，アデニン，グアニン，シトシン，チミンの塩基からなる。
④ RNAは，リボースという糖を含んでいる。

3 DNAとRNAに関する次の文を読み，以下の問いに答えなさい。

生物のもつ遺伝情報は(a)<u>DNAからRNAへ</u>，(b)<u>RNAからタンパク質（アミノ酸からなる高分子物質）へ</u>と伝えられる。一般に，この逆の情報の流れはない。これは(c)とよばれる概念である。ただし，がんウイルスやHIVなど一部のRNAウイルス（レトロウイルスとよばれるウイルス）には，宿主細胞に感染後，(d)<u>RNAからDNAが合成され</u>，宿主のDNAの中に組み込まれる過程が存在するという例外もある。しかし，実際それらのウイルスでも，そのウイルスが再び活性化される場合には(c)にしたがって，ウイルスタンパク質が合成される。

(1) 真核生物について，下線部(a)，(b)に関する次の小問に答えなさい。
① 下線部(a)，(発展)(b)の過程は細胞のどの部分で行われるか，それぞれ答えなさい。
② 下線部(b)の過程では3つの塩基からなる配列(トリプレット)が1つのアミノ酸に対応している。なぜ1つ，あるいは2つの塩基ではアミノ酸に対応できないのか，タンパク質をつくるアミノ酸が20種類であることから簡潔に説明しなさい。
(2) (c)は，何という概念か。
(発展)(3) (d)を何というか。

(東京電機大学　改題)

(発展) **4** ホルモンXのmRNAを調べたところ，以下のような塩基配列が認められた。

塩基配列 …… AAGCCACUGGAAUGCAUC ……
　　　　　　　⟶　翻訳される方向

塩基配列から特定できるアミノ酸配列として正しいものを，遺伝暗号表を参考にして次の①〜⑤の中から選びなさい。なお，ホルモンXのこの部分で翻訳されるアミノ酸には必ずグリシンがあることがわかっている。

① リジン・プロリン・ロイシン・グリシン・システイン
② セリン・グルタミン・トリプトファン・グリシン・アラニン
③ アラニン・トレオニン・グリシン・メチオニン・ヒスチジン
④ リジン・プロリン・ロイシン・グルタミン酸・グリシン
⑤ アラニン・トレオニン・グルタミン・グリシン・メチオニン

(麻布大学)

遺伝暗号表

		第2番目の塩基				
		ウラシル(U)	シトシン(C)	アデニン(A)	グアニン(G)	
第1番目の塩基	U	UUU, UUC フェニルアラニン / UUA, UUG ロイシン	UCU, UCC, UCA, UCG セリン	UAU, UAC チロシン / UAA, UAG (終止)	UGU, UGC システイン / UGA (終止) / UGG トリプトファン	U C A G 第3番目の塩基
	C	CUU, CUC, CUA, CUG ロイシン	CCU, CCC, CCA, CCG プロリン	CAU, CAC ヒスチジン / CAA, CAG グルタミン	CGU, CGC, CGA, CGG アルギニン	U C A G
	A	AUU, AUC, AUA イソロイシン / AUG メチオニン(開始)	ACU, ACC, ACA, ACG トレオニン	AAU, AAC アスパラギン / AAA, AAG リシン	AGU, AGC セリン / AGA, AGG アルギニン	U C A G
	G	GUU, GUC, GUA, GUG バリン	GCU, GCC, GCA, GCG アラニン	GAU, GAC アスパラギン酸 / GAA, GAG グルタミン酸	GGU, GGC, GGA, GGG グリシン	U C A G

センター試験対策問題

解答・解説は p.195

1 体細胞分裂に関する次の文章を読み，問1〜問4に答えよ。

体細胞分裂は，細胞の分裂が進行する分裂期(M期)と，M期終了から次のM期が始まるまでの間期に分けられる。分裂期と間期を合わせた期間を，細胞周期とよぶ。間期は，G_1 期，S 期，G_2 期に分けられ，S 期では DNA の合成が行われる。細胞周期は，「G_1 期→S 期→G_2 期→M 期」と進行する。

M 期では，まず核分裂が起こり，続いて細胞質分裂が起こって，最終的に1個の母細胞から2個の娘細胞が形成される。

哺乳類細胞の細胞周期について調べるために，次の〔実験1〕〜〔実験3〕を行った。なお，実験中，どの細胞も細胞周期の長さは同じ時間であるが，任意の時点で細胞周期のどの時期にあるかは，そろってはいなかったとする。

〔実験1〕 適切な培養液が入った培養皿Aと培養皿Bに，増殖を続けている細胞をそれぞれ 10^6 個入れて，37℃に保温して培養した。時間を追って，培養皿中の細胞数を計測した。培養皿Bでは，培養を始めてから20時間後に，化合物Xを培養液に添加した。その結果を図1に示す。図1の実線は培養皿Aの細胞数の変化を，点線は培養皿Bの細胞数の変化を示す。ただし，培養を始めてから20時間までは，2つの培養皿の細胞数に差はみられなかった。

〔実験2〕 培養を始めてから50時間後に，それぞれの培養皿からほぼ同数の細胞を取り出し，細胞1個あたりのDNAの量と細胞数の関係を調べた。その結果を図2に示す。図2の実線は培養皿Aの細胞数を示し，点線は培養皿Bの細胞数を示す。

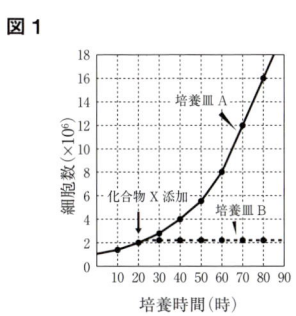

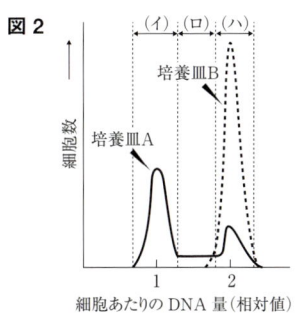

〔実験3〕 培養を始めてから50時間後に，培養皿Aと培養皿Bから細胞を取り出し，すぐに固定液で細胞を固定した。その後，染色体を染色し，それぞれの培養皿について200個の細胞を顕微鏡で観察した。培養皿Aの細胞では，200個の細胞のうち20個で染色体が観察された。培養皿Bの細胞では，全ての細胞で染色

体が観察された。

問1　下線部の過程において，ひも状の染色体が出現する現象がみられる最も適切な期は以下のどれか。
① 前期　② 中期　③ 後期　④ 終期

問2　〔実験1〕と〔実験3〕の結果から，この細胞のM期の長さは何時間と考えられるか。次の①～④から選び，記号で答えよ。
① 1時間　② 2時間　③ 3時間　④ 4時間

問3　細胞周期のG_1期にある細胞は，図2の(イ)，(ロ)，(ハ)のどの範囲に含まれるか。次の①～④から選び，記号で答えよ。
① (イ)　② (ロ)　③ (ハ)　④ どれにも含まれない

問4　実験に用いた化合物Xによって，細胞周期はどの期で停止したと考えられるか。次の①～④から選び，記号で答えよ。
① G_1期　② S期　③ G_2期　④ M期

(福岡大学　改題)

2　DNAのモデルに最も近いものを，次の①～⑤のうちから一つ選べ。

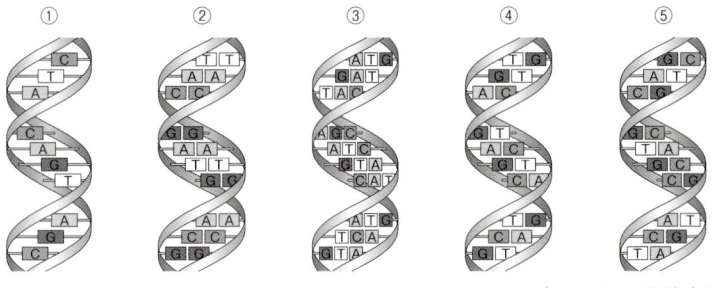

(センター試験本試験)

3　2本鎖DNAの構造に関する記述として誤っているものを，次の①～⑤のうちから一つ選べ。
① DNAの一方の鎖の構成要素(A，T，G，C)の配列が決定されると，もう一方の鎖のDNAの構成要素の配列が決まる。
② DNAの2本の鎖は，二重らせん構造をとっている。
③ DNAの一方の鎖に含まれる4種類の構成要素の数の割合は，もう一方の鎖に含まれる4種類の構成要素の数の割合と常に同じである。
④ DNAの構成要素AとT，GとCが，それぞれ相補的な結合をすることにより，DNAの2本の鎖はたがいに結合できる。
⑤ DNAの4種類の構成要素の数の割合は，一般に生物種により異なっている。

4 以下は遺伝情報の発現過程に関する文である。文中の空欄(1)〜(8)にあてはまる言葉を，語群の①〜⑩から選んで記号で答えよ。同じ記号のところには同じ語が入るものとする。

1．DNAの活性化した部分で，塩基間の結合がはずれ，（ 1 ）がほどける。
2．酵素の働きで，ほどけたDNAの鎖の一方の塩基配列と（ 2 ）的な塩基配列をもつ伝令RNAができる。この過程を（ 3 ）という。
3．核内で（ 3 ）された伝令RNAは，（ 4 ）に移動する。
4．伝令RNAの隣り合う3つの塩基の組合わせと対応する（ 5 ）が，伝令RNAの端から順に結合して，（ 5 ）の配列が決定されていく。この過程を（ 6 ）という。DNAの塩基配列の情報から，（ 5 ）の配列が決定されていく流れの方向は，遺伝子発現の大原則で（ 7 ）という。
5．アミノ酸どうしが結合し，酵素などの（ 8 ）がつくられる。

語群
① 相補　　② 細胞質　　③ 対称　　④ 翻訳
⑤ セントラルドグマ　⑥ 二重らせん　⑦ タンパク質　⑧ 転写
⑨ 炭水化物　⑩ アミノ酸　⑪ ミトコンドリア
⑫ 形質発現

5 ウイルスには遺伝物質（核酸）として，2本鎖のDNAをもつもののほかに，1本鎖のDNAをもつもの，2本鎖のRNAをもつもの，及び1本鎖のRNAをもつものがある。右の表は**ア**〜**オ**のウイルスで核酸の塩基組成（個数％）を調べた結果である。ただし，表中の記号A，C，G，T及びUはそれぞれアデニン，シトシン，グアニン，チミン及びウラシルを指す。

塩基の種類　ウイルス	塩基数の割合　％				
	A	C	G	T	U
ア	30.3	19.5	19.5	30.7	0.0
イ	24.6	18.5	24.1	32.8	0.0
ウ	31.1	15.6	29.2	0.0	24.1
エ	26.0	24.0	24.0	26.0	0.0
オ	28.0	22.0	22.1	0.0	27.9

表の**ア**〜**オ**のうちで，遺伝物質として1本鎖のDNAをもっていると考えられるものはどれか。また，1本鎖のRNAをもっていると考えられるものはどれか。次の①〜⑩のうちから最も適当なものを一つずつ選べ。
(1) 1本鎖のDNAをもつもの　　(2) 1本鎖のRNAをもつもの
① ア　② イ　③ ウ　④ エ　⑤ オ
⑥ ア，イ　⑦ ア，エ　⑧ イ，エ　⑨ ウ，オ　⑩ ア，イ，エ
（センター試験本試験　改題）

第3部

生物の体内環境の維持

この部で学ぶこと
1 恒常性の維持と体液
2 肝臓の働き
3 腎臓の働き
4 神経系と内分泌系
5 自律神経の働き
6 ホルモンの働き
7 生体防御
8 体液性免疫のしくみ
9 細胞性免疫のしくみ
10 免疫にかかわる疾患

BASIC BIOLOGY

第1章
体内環境と恒常性

この章で学習するポイント

- □ 恒常性とは
- □ ヒトの体液と恒常性
- □ 赤血球の働き
- □ 白血球の働き
- □ 血液の循環
- □ 血液凝固のしくみ

- □ 肝臓の働き
- □ 血糖の調節
- □ 有害物質の解毒
- □ 胆汁の生成
- □ 肝臓の構造

- □ 腎臓の働き
- □ 腎臓の構造と働き
- □ 尿がつくられるしくみ

1 恒常性とは

　体の内部の状態を一定に保とうとする性質を**恒常性**(ホメオスタシス)という。恒常性により体内の状態が一定に保たれることで、細胞は安定してその機能を果たすことができる。

　単細胞生物は、**外部環境**(細胞を囲む外の環境)の影響を細胞が直接受ける。ゾウリムシは体内より塩類濃度が低い外部環境中にすんでおり、水が体の中に侵入する。そのため、収縮胞を働かせて水を排出することによって、体内の塩類濃度を一定に保つしくみを備えている。

図1-1　ゾウリムシの収縮胞

　一方、多細胞動物では、細胞は**体液**とよばれる液体に囲まれている。体液のことを**内部環境**とよぶ。多細胞動物の細胞にとっては、体液が直接的な環境となる。

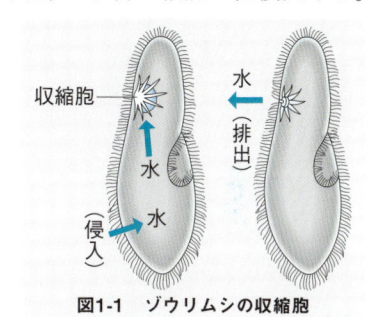

　脊椎動物の体液は、外部環境が変化しても、塩類濃度、pH、血糖の濃度、酸素濃度などがほぼ一定に保たれている。

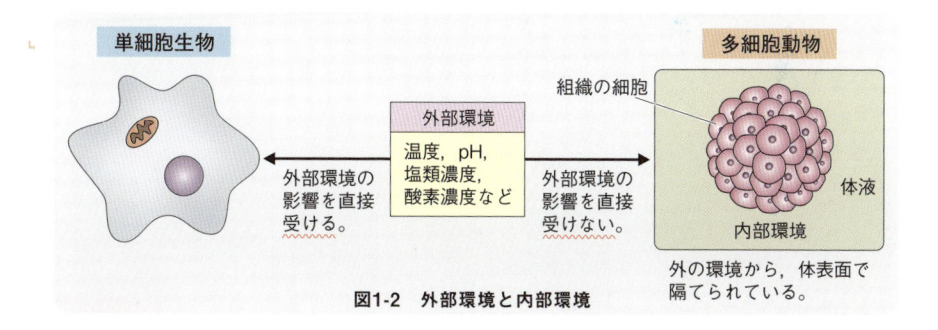

図1-2　外部環境と内部環境

POINT
- **恒常性**により体の内部の環境は一定に保たれる。
- 多細胞動物の細胞は**体液**で囲まれており**内部環境**の中にある。

2 体液とその成分

1 ヒトの体液

　脊椎動物の体液は，血管の中を流れる**血液**と，リンパ管の中を流れる**リンパ液**，細胞に直接触れている**組織液**に分けられる。

　血液は，有形成分の**血球**と，液体成分の**血しょう**からなる。血球には**赤血球**，**白血球**，**血小板**があり，すべて骨髄の造血幹細胞(→**p.130**)からつくられる。

　組織液は，血しょうが毛細血管から組織にしみ出たものをいう。組織液は毛細血管に戻って血液となるが，一部はリンパ管に入って**リンパ液**となる。リンパ液には免疫に関与する働きをもつ**リンパ球**が含まれている。リンパ管の途中にはリンパ節があり，リンパ球が集まっている。

> **補足** ヒトの赤血球の寿命は約120日であり，肝臓でこわされる。血小板は約10日で，ひ臓でこわされる。白血球の寿命は，血液中では1日，組織に入ったものでも数日ときわめて短い。

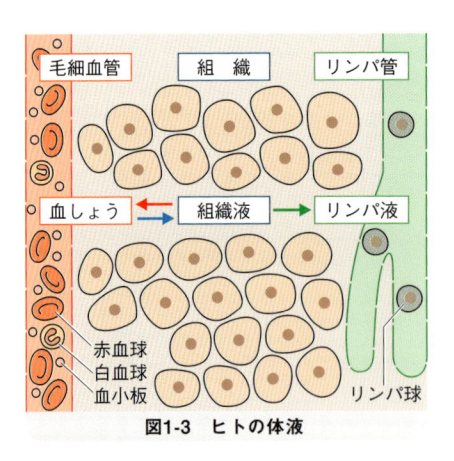

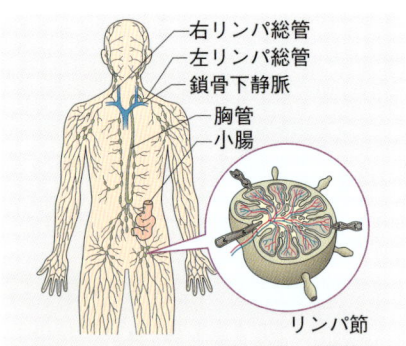

図1-3 ヒトの体液

図1-4 ヒトのリンパ系

組織のリンパ液は，リンパ管を通って胸管とよばれる太いリンパ管に入る。胸管は鎖骨下静脈につながっており，胸管に集まったリンパ液は鎖骨下静脈に入り，再び血液の血しょうとなる。

> **POINT**
> ● 脊椎動物の体液は，血液，リンパ液，組織液に分かれる。
> ● 血液は，血球と血しょうからなる。

2 血液の働き

　脊椎動物の血液は，血管を通って体中を循環している。栄養素や老廃物は血液の流れに乗って運搬される。

　赤血球はヘモグロビンをもち，酸素を呼吸器官から組織に運搬する。白血球は細菌などの異物を食作用（→p.129）によって排除する。血小板は血液の凝固にかかわり，止血に重要な働きをする。

　血しょうは，グルコース，アミノ酸，脂質などの栄養素やイオンを組織に運び，細胞から出された二酸化炭素や尿素などの老廃物を腎臓などの排出器官に運ぶ働きをもつ。また，血液のpHの変化を抑える**緩衝作用**もある。血しょうは血液の約55%を占める。

補足　ヒトでは，血液は体重の約13分の1を占める。赤血球と血小板は核をもたない。

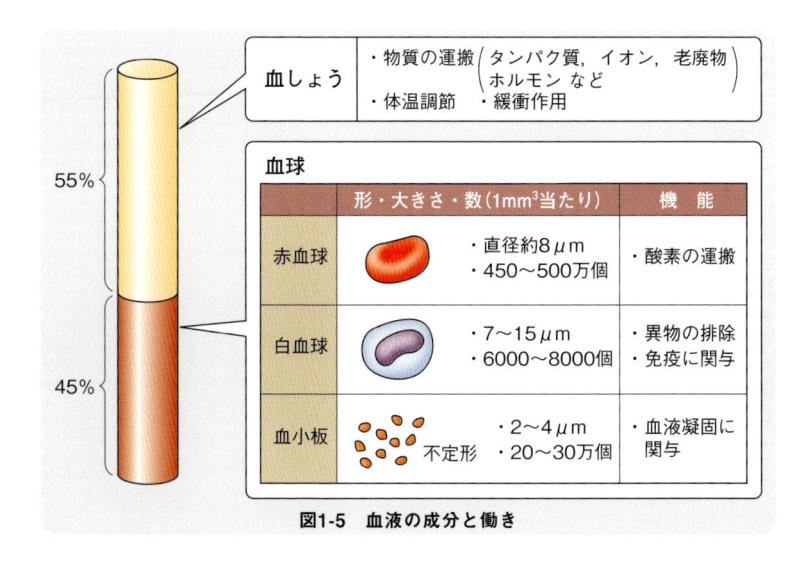

血しょう	・物質の運搬 （タンパク質，イオン，老廃物，ホルモン など） ・体温調節　・緩衝作用

血球	形・大きさ・数(1mm³当たり)		機能
赤血球		・直径約8μm ・450〜500万個	・酸素の運搬
白血球		・7〜15μm ・6000〜8000個	・異物の排除 ・免疫に関与
血小板	不定形	・2〜4μm ・20〜30万個	・血液凝固に関与

図1-5　血液の成分と働き

❹酸素の運搬とヘモグロビン

　赤血球に含まれる**ヘモグロビン**(Hb)とよばれるタンパク質は，酸素(O_2)濃度が高く二酸化炭素(CO_2)濃度が低い環境では酸素を取り込む性質がある。逆に，酸素濃度が低く二酸化炭素濃度が高いと，酸素を放出する。肺は酸素濃度が高く，二酸化炭素濃度が低いので，ヘモグロビンは酸素を取り込む。一方，組織は酸素濃度が低く，二酸化炭素濃度が高いため，ヘモグロビンは酸素を放出する。

　ヘモグロビンの色は暗赤色であるが，酸素を結合したヘモグロビンは，**酸素ヘモグロビン**(HbO_2)となり鮮紅色になる。そのため，肺を通過して心臓から送り出される**動脈**の血液は鮮紅色であり，組織から戻る**静脈**の血液は暗赤色となる。

　補足　ヘモグロビンは赤血球のタンパク質の約90％を占める。赤血球は酸素運搬に極限まで特化した細胞といえる。

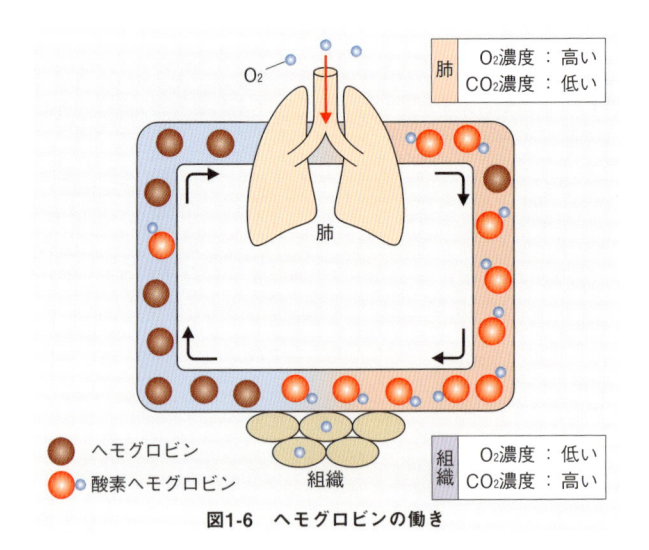

図1-6　ヘモグロビンの働き

> **POINT**
> ● 血しょうの働き→　栄養素や老廃物の運搬。pHを安定させる（**緩衝作用**）。
> ● 赤血球の**ヘモグロビン**は酸素を運ぶ。

参考　酸素解離曲線

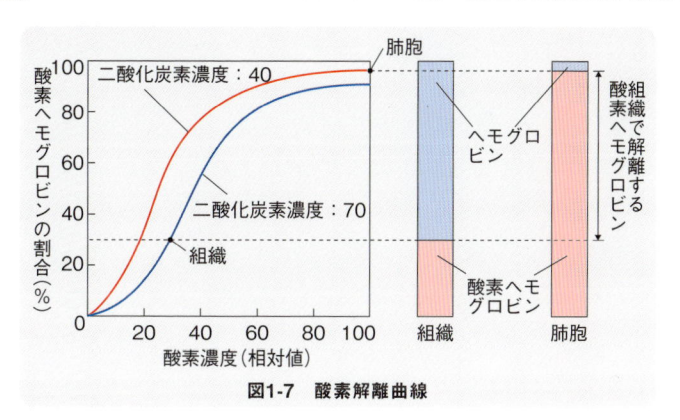

図1-7　酸素解離曲線

　酸素濃度と酸素ヘモグロビンの割合の関係を示すグラフを**酸素解離曲線**という。ヘモグロビンは，酸素濃度が高い環境では多くの酸素と結合し，酸素濃度が低い環境では酸素を結合しにくいという性質がある。ヘモグロビンはこの性質により，酸素濃度の高い肺では多くの酸素と結合するが，酸素濃度の低い組織では酸素を放出することになる。したがって，効率のよい酸素輸送が可能となる。ヘモグロビンが結合する酸素の量がある一定以上になると，それ以上酸素濃度が高くなっても酸素の結合量は増えなくなる。そのため，酸素解離曲線はＳ字型になる。

　ヘモグロビンには二酸化炭素濃度が高くなると，酸素を結合する力が弱くなる性質もある。組織では二酸化炭素濃度が高いため，ヘモグロビンはより多くの酸素を放出し，組織はより多く酸素の供給を受けることができる。

コラム　血球の話①

　哺乳類の赤血球には核がない。核をなくしたため，中央がへこんだ円盤のような形になることができた。円盤状になることにより，折れ曲がることができ，赤血球の直径より細い毛細血管も通過できる。そのため，体のすみずみまで酸素が行き渡る。また，細胞の表面積が増え，酸素の取り込みと放出を効率よく行えるようになった。

第1章　体内環境と恒常性

❸ 白血球の種類と働き

　白血球には，好中球やリンパ球，単球など，さまざまな種類がある。白血球の半分以上を占める好中球は，侵入してきた細菌などを食作用で死滅させる。細菌を飲み込んだ好中球は，毒素を生産し細菌を殺すとともに自らも死ぬ。傷口に生じる膿(うみ)は，好中球の死骸である。

　リンパ球は，異物を認識する抗体の産生にかかわり，白血球の約 $\frac{1}{3}$ を占める。単球は，細菌やがん細胞などを取り込み，細胞内の酵素で分解する働きをもつ。単球は，白血球の約5%を占める。

❹ 血液の循環

　脊椎動物の血液は，心臓から送り出されると，動脈を通って毛細血管に達する。毛細血管には，網の目のような細かい隙間(すき ま)が空いており，血液の血しょうがしみ出す。血しょうは **組織液** となって組織の細胞の間を移動し，細胞に酸素や栄養素を送り届ける。同時に，二酸化炭素などの老廃物を取り込んで毛細血管に戻り，静脈を通って心臓に戻る。血球は毛細血管の隙間から外に出ることはなく，心臓から送り出された血球は，血管の中を通って再び心臓に戻る。このように，血球と血しょうの大部分が血管の中を循環する血管系を **閉鎖血管系** という。

　心臓は，心臓の収縮と弁の働きによって，一定方向に血液を送り出す。心臓の周期的な収縮を **拍動** といい，哺乳類における拍動のリズムは，右心房にある **洞房結節**(とうぼうけっせつ)(**ペースメーカー**)とよばれる特殊な心筋がつくりだしている。

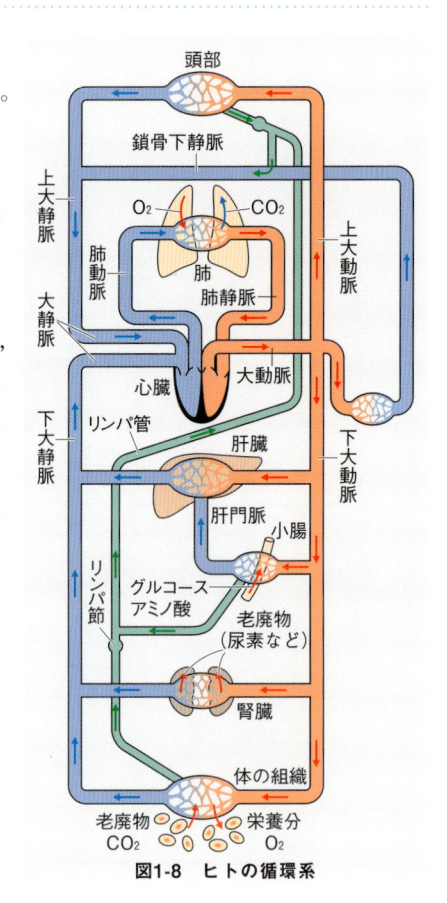

図1-8　ヒトの循環系

哺乳類では，肺から来る血液は左心房と左心室を通って全身の組織に送られ，再び心臓に戻る。これを**体循環**という。全身から戻ってきた血液は，右心房と右心室を通って肺に送られ，再び心臓に戻る。これを**肺循環**という。

(補足) 房室結節は，洞房結節の働きが十分でない場合に補助する役割をもつ。

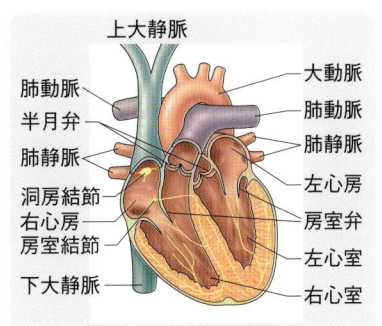

図1-9 ヒトの心臓の構造

POINT
- 白血球は免疫にかかわる。
- **洞房結節**が心臓の**拍動**のリズムをつくる。

参考 開放血管系

昆虫などの節足動物や，貝などの軟体動物には毛細血管がなく，動脈と静脈の末端が開いている。血液は，血球・血しょうの両方とも，動脈の血管から組織に出る。組織に出た血液は静脈に入って，心臓に戻る。このように，血液が血管の外に出る循環系を，**開放血管系**という。

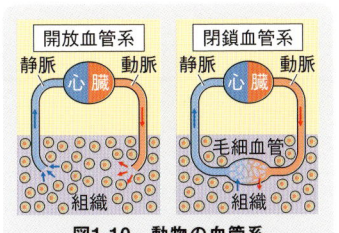

図1-10 動物の血管系

コラム 血球の話②

ロシアの科学者イリヤ・メチニコフは，ヒトデの特徴をいかして白血球を発見した。ヒトデの幼生は透明で，体の中の細胞の動きがよく見える。ヒトデの幼生の体内に異物を入れると，細胞が異物に集まり，食作用により異物を取り除いた。その後，ヒトにも白血球があり，同じように生体防御の働きがあることがわかった。この研究業績により，メチニコフは1908年にノーベル生理学・医学賞を受賞した。

❶ 血液凝固

　傷ができると，血小板が集まり傷口を覆う。また，血しょう中には**フィブリン**とよばれるタンパク質がつくられ，フィブリン同士が結合してフィブリン繊維ができる。フィブリン繊維は血球をからめて固まり，血管や傷口をふさぐ。血液が固まることを**血液凝固**といい，血小板から血液を凝固させる因子が放出されることにより開始される。

　血液凝固により生じたかたまりを**血ぺい**という。血液を試験管の中に入れてしばらく静置すると，血ぺいが沈殿する。血ぺいが沈殿した上澄みを**血清**という。血ぺいは赤血球を含むため赤色である。血清は薄黄色の透明な液体である。

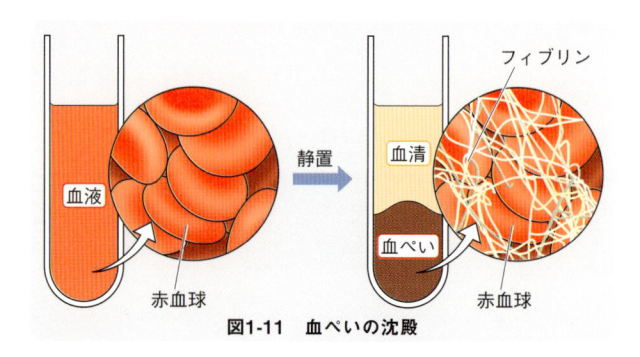

図1-11　血ぺいの沈殿

発展　血液凝固のしくみ

　傷などにより血管が破れると，血小板から血液凝固因子が放出される。血液凝固因子は，血しょうの中の**プロトロンビン**に作用し，**トロンビン**に変える。トロンビンは，血しょう中の**フィブリノーゲン**に作用して，**フィブリン**に変える。フィブリンは，互いに結合してフィブリン繊維をつくり，フィブリン繊維は血球をからめて血ぺいとなり傷口をふさぐ。

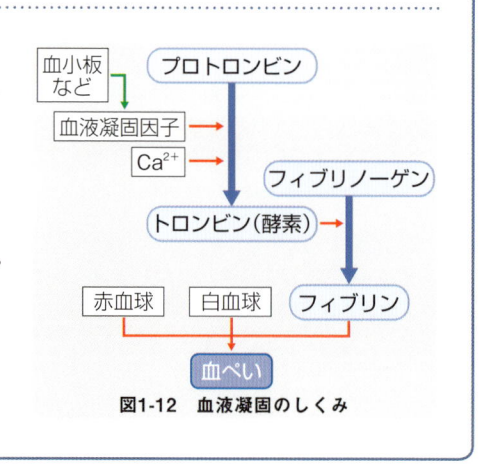

図1-12　血液凝固のしくみ

3 体液の恒常性

1 肝臓の働き

　ヒトでは，心臓から送り出された血液の約$\frac{1}{3}$が肝臓を通過する。多量の血液が流入する肝臓は，**物質の合成や分解**にかかわるさまざまな働きをもち，**体液の恒常性を保つ**重要な働きをしている。

Ⓐ血糖濃度の調節

　血液に含まれる糖を**血糖**といい，脊椎動物の血液に含まれる糖は**グルコース**である。血糖はさまざまな組織の細胞の活動に必須であるが，一定の濃度を超えると細胞に障害を与える。そのため，血糖の濃度を一定に保つ必要がある。血糖が過剰になると，小腸で吸収されたグルコースは**肝門脈**を通って肝臓に入り，**グリコーゲン**に変えられる。グリコーゲンはグルコースが多数連結した大きな分子であり，肝細胞の中に蓄えられる。低血糖濃度になればグリコーゲンを分解してグルコースを血液に供給する。こうして，肝臓の働きにより，血液中のグルコースの濃度が一定に保たれている。

Ⓑ有害物質の解毒

　タンパク質などが分解されて生じる有害なアンモニアは，肝臓で毒性の低い尿素に変えられる。アルコールなどの有害な物質も，肝臓で分解され無毒化される。これらを**解毒作用**という。

Ⓒ胆汁の生成

　胆のうから十二指腸に分泌される**胆汁**は，肝細胞でつくられる。胆汁は，脂肪を分解する酵素の働きを助け，脂肪の吸収を促進する働きがある。胆汁は，肝臓の解毒作用で生じた物質や，古くなった赤血球の分解産物も含んでおり，不要な物質を便として体外に排出する役割もある。

> 補足　肝臓では活発に代謝が行われており，代謝にともなう発熱で体温を維持する働きもある。

> **POINT**
> - 血液に含まれるグルコースを**血糖**という。
> - グルコースは肝臓で**グリコーゲン**として蓄えられる。
> - 肝臓は**解毒作用**により、アンモニアを毒性の低い尿素に変える。

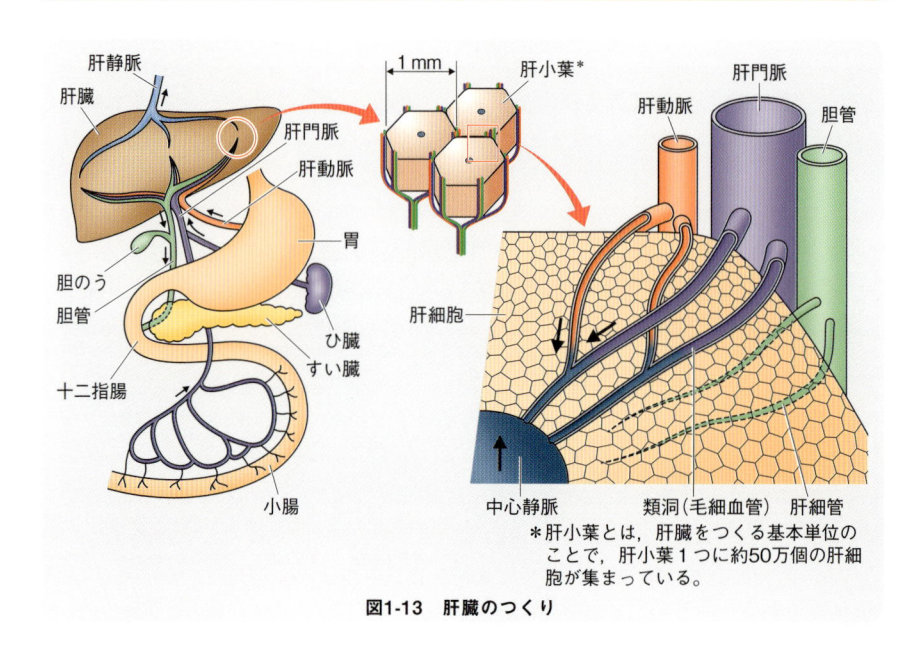

図1-13 肝臓のつくり

*肝小葉とは、肝臓をつくる基本単位のことで、肝小葉1つに約50万個の肝細胞が集まっている。

参考 生物によって異なるアンモニアの代謝

多くの魚類は、代謝によって生じたアンモニアを溜めることなくそのまま排出する。有毒なアンモニアも水に拡散すれば害を及ぼさない。そのため、アンモニアを無毒化する必要がなかったのであろう。

鳥類や爬虫類は、受精から孵化するまで硬い卵の殻の中におり、老廃物を殻の外に出すことはできない。そのため、アンモニアを不溶性で無毒の尿酸に変えなければならなかった。鳥の糞の白いところは尿酸である。排出に水をほとんど使わないので、生命活動に必要な水分の節約にもなる。また、尿を溜めないため体の軽量化にもつながり、飛行する鳥にとって有利であったと考えられる。

2 腎臓の構造と働き

腎臓は，**肝臓でつくられた尿素や老廃物を尿として排出する**。ヒトでは，心臓から送り出された血液の約 $\frac{1}{4}$ が腎臓を通過する。腎臓には，**血液中の水分や塩類の量を調節する**働きもあり，体液の恒常性にかかわっている。

ヒトの腎臓は一対ある。腎臓には**ネフロン**（**腎単位**）とよばれる尿を生成する構造単位があり，腎臓ひとつあたり約 100 万個ある。ネフロンは**腎小体**とそれに続く**細尿管**（腎細管）で構成されている。腎小体は**糸球体**とそれを包む**ボーマンのう**とよばれる構造からなる。

心臓から送り込まれた血液は糸球体でろ過され，血液の血球やタンパク質以外の成分の大部分がボーマンのうに出る。ボーマンのうにこし出された液を**原尿**という。原尿には栄養素や必要な無機塩類が含まれている。原尿は細尿管に送られ，グルコースやアミノ酸，無機塩類，水が毛細血管に**再吸収**される。次に，原尿は**集合管**を通過し，集合管では原尿からさらに水が再吸収され，残りが尿となる。尿素などの老廃物は再吸収されずに尿に濃縮される。尿は**腎う**を通ってぼうこうに送られ，排出される。

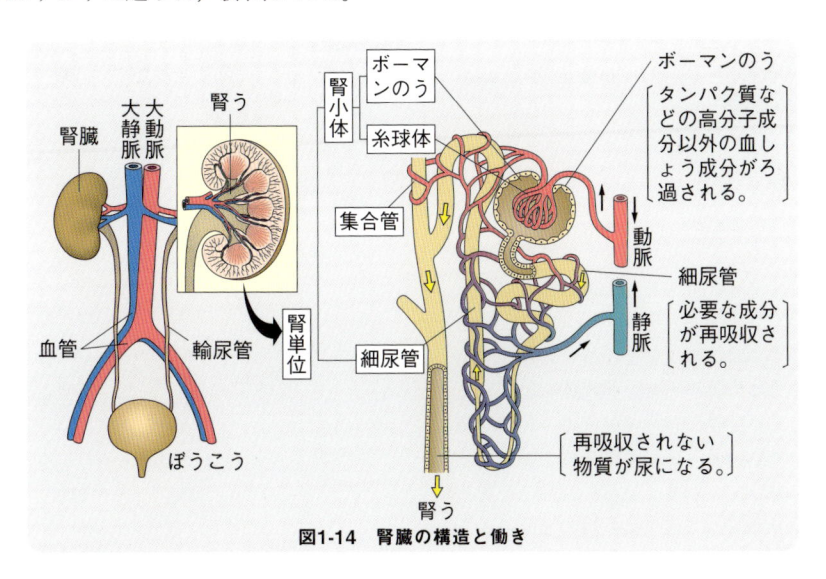

図1-14 腎臓の構造と働き

ヒトでは，ボーマンのうにこし出される原尿は，一日に約170リットルにもなる。しかし，その約99％は再吸収され，尿となるのはわずか1〜2リットルである。

水や無機塩類の再吸収はホルモンによって調節されており，ホルモンを介して体液の量と塩類濃度の恒常性が保たれている。

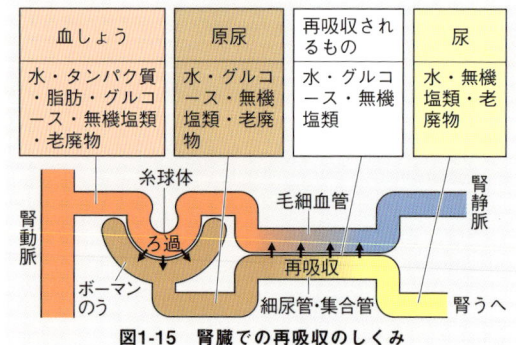

図1-15 腎臓での再吸収のしくみ

POINT

- **糸球体**で血液がろ過され**原尿**ができる。
- グルコースや塩類は，**細尿管**で原尿から**再吸収**される。
- 水は細尿管と**集合管**で原尿から再吸収される。

参考 魚類の塩類濃度の調節

海水にすむ魚は，体液の塩類濃度が外液に比べて低いため，水が体から出ていく。海水魚は，海水を大量に飲み込んで水分を補い，エラと腎臓から塩類を排出して体液の塩類濃度の恒常性を保っている。

淡水にすむ魚は，体液の塩類濃度が淡水より高いため，水が体に侵入してくる。淡水魚は水を飲まず，腎臓の働きで体液より低い塩類濃度の尿を大量に排出している。また，ATPのエネルギーを使ってエラから塩類を取り込み，体液の塩類濃度の恒常性を保っている。

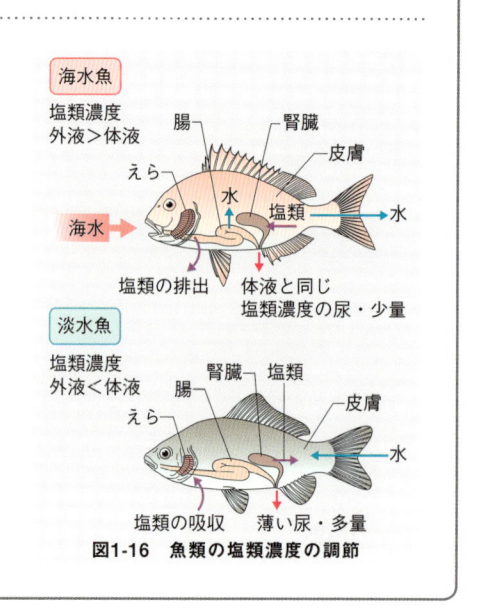

図1-16 魚類の塩類濃度の調節

この章で学んだこと

寒中水泳をしても，炎天下で運動をしても，ヒトの体温はほぼ一定である。甘いジュースを飲んでも，血液中の糖の濃度はほぼ変わらない。外部の環境が変化しても，体内の環境が一定であるからこそ，細胞や器官が正常に働くのである。この章では，恒常性を保つしくみについて学んだ。

1 恒常性
1. **恒常性** 体の内部の状態を一定に保とうとする性質。
2. **外部環境** 生物の体の外の環境のこと。
3. **内部環境** 多細胞動物の細胞は，体液という内部環境の中にある。

2 ヒトの体液
1. **ヒトの体液** 脊椎動物の体液は，血液，組織液，リンパ液に分けられる。組織液は，毛細血管から組織に血しょうがしみ出たもの。リンパ液は，組織液がリンパ管に入ったもの。
2. **血液** 血球と血しょうからなる。血球には赤血球，白血球，血小板がある。

3 血液の働き
1. **血しょうの働き** 栄養素や老廃物の運搬。pHの変化を抑える。
2. **ヘモグロビン** 赤血球に含まれるタンパク質。酸素を運搬する。
3. **酸素解離曲線** 酸素濃度と酸素ヘモグロビンの割合の関係を表すグラフ。
4. **白血球の働き** 異物を排除したり，抗体を産生するなど免疫にかかわる。

4 血液の循環
1. **血管系** 閉鎖血管系は，血球と血しょうの大部分が血管の中を循環する。開放血管系は，血液が血管の外に出る。
2. **拍動** 心臓の周期的な収縮。拍動のリズムをつくるのは洞房結節である。
3. **体循環** 肺から来る血液は心臓から全身に送られ，再び心臓に戻る。
4. **肺循環** 全身から心臓に戻った血液は肺に送られ，再び心臓に戻る。
5. **血液凝固** 血液が固まること。血液凝固でできたかたまりを血ぺいという。試験管に血液を入れ静置すると，血ぺいは沈殿する。上澄みは血清である。
6. **フィブリン** 血液凝固に関与するタンパク質。

発展 **血液凝固のしくみ**

5 肝臓の働き
1. **血糖濃度の調節** 血液に含まれる糖を血糖といい，脊椎動物の血糖はグルコースである。グルコースは肝臓でグリコーゲンとして蓄えられる。低血糖濃度になった際は，グリコーゲンを分解してグルコースを血液中に供給する。
2. **解毒作用** 有害なアンモニアを毒性の低い尿素に変える。
3. **胆汁の生成** 肝細胞でつくられる。

6 腎臓の構造と働き
1. **ネフロン** 尿を生成する構造単位。腎小体と細尿管で構成されている。
2. **腎小体** 糸球体とそれを包むボーマンのうとよばれる構造からなる。
3. **原尿** 糸球体で血液がろ過されて，原尿ができる。
4. **再吸収** グルコースや塩類は，細尿管で原尿から再吸収される。
5. **集合管** 水は集合管から再吸収され，残りは尿となる。尿は腎うを通ってぼうこうに送られる。

確認テスト1

1. 恒常性について述べた文を読み，以下の問いに答えよ。
　体の内部の状態を一定に保とうとする性質を（　ア　）という。単細胞生物は，細胞を囲む外の環境である（　イ　）の影響を，細胞が直接受ける。一方，多細胞動物では，細胞は（　ウ　）とよばれる液体に囲まれている。この（　ウ　）のことを（　エ　）という。
　脊椎動物の体液は，（　イ　）が変化しても，（　オ　），pH，（　カ　），酸素濃度などが，ほぼ（　キ　）に保たれている。
(1) 文中の（　）に適する語を答えよ。
(2) 文中の下線部について，ゾウリムシをさまざまな濃度の食塩水に入れて，収縮胞の動きを調べた。この実験結果を正しく説明した文は，次の①～④のうちのどれか。
　① 食塩水の濃度を高くしたら，収縮胞の収縮頻度が上昇した。
　② 食塩水の濃度を低くしたら，収縮胞の収縮頻度が上昇した。
　③ 食塩水の濃度と関係なく，収縮胞の収縮頻度は一定である。
　④ 一定の濃度の食塩水だと，収縮胞の収縮頻度は周期的に上下する。

2. (1)～(5)の文中の（　）に適する語を答えよ。
(1) 脊椎動物の体液は，細胞に直接触れている（　ア　），血管内を流れる（　イ　），（　ウ　）を流れる（　エ　）に分けられる。
(2) 脊椎動物の血液は，心臓から送り出されると，（　ア　）を通って（　イ　）に達する。（　イ　）には網の目のような細かい隙間が開いており，血液中の（　ウ　）がしみ出し，（　エ　）となって組織の細胞の間を移動し，細胞に（　オ　）や栄養分を送り届ける。同時に（　エ　）には，細胞から二酸化炭素や（　カ　）が放出され，これらを取り込んだ（　エ　）は（　イ　）に戻り（　ウ　）になる。（　イ　）は次第に集まり，（　キ　）となり心臓に戻る。この間，血液中の（　ク　）は血管から外に出ることはない。このような血管系を（　ケ　）という。
(3) 心臓の周期的な収縮を（　ア　）といい，哺乳類における（　ア　）のリズムは，（　イ　）心房にある（　ウ　）がつくりだしている。哺乳類では，肺から来る血液は，心臓の（　エ　）に入り，（　オ　）から強い力で拍出され，全身の組織に送られ，再び心臓に戻る。これを（　カ　）循環という。全身から戻ってきた血液は，（　キ　）・（　ク　）を通って肺に送られ，再び心臓に戻る。これを（　ケ　）循環という。

3　次の図は肝臓の周辺の器官のつながりを示したものである。以下の問いに答えよ。

(1) 図中のA～Fにあてはまる語を次の中から選び，記号で答えよ。
　ア　胆のう　　イ　胆管　　ウ　肝静脈
　エ　肝動脈　　オ　すい臓
　カ　リンパ管　キ　肝門脈

(2) 次の物質や細胞が最も多く流れる管は，A，B，C，Eのうちのどれか。
　① 尿素　　　　　　② 酸素
　③ 吸収した栄養分　④ 壊れた赤血球
　⑤ 体外に排出する物質

4　図は腎臓の働きを模式的に示したものである。次の問いに答えよ。

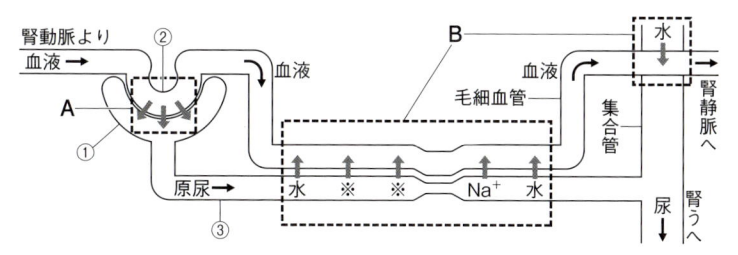

(1) 図中の□で囲まれたA，Bの働きの名称を記せ。
(2) 図中の①～③の構造名を記せ。
(3) 図中の※印にあてはまるものを下記から2つ選べ。
　　赤血球・血小板・タンパク質・脂肪・グルコース・無機塩類

5　健康なヒトの血しょうと尿に含まれる主な成分(水分を除く)の濃度を分析した右の表を見て，次の問いに答えよ。

(1) ア～オに数値・成分名を記入せよ。オは小数第一位を四捨五入せよ。
(2) エを生合成する器官名を答えよ。
(3) 濃縮率の高い成分は，体にとってどのようなものか。簡潔に記せ。

（静岡大学　改題）

成分	血しょう(%) A	尿(%) B	濃縮率 B/A
タンパク質	8	ア	イ
ウ	0.1	0	0
エ	0.03	2	オ
尿酸	0.004	0.05	13
クレアチニン	0.001	0.075	75
Na^+	0.3	0.35	1
Cl^-	0.37	0.6	2
K^+	0.02	0.15	8
Ca^{2+}	0.008	0.015	2

第2章
体内環境の維持のしくみ

この章で学習するポイント

☐ 神経系の働き
☐ 自律神経による体内環境の維持

☐ ホルモンの働き
☐ 内分泌腺とホルモン
☐ ホルモンの分泌の調節
☐ ホルモンによる体内環境の維持

☐ 自律神経とホルモンの共同作業
☐ 血糖濃度の調節
☐ 体温の調節

1 神経系と内分泌系

　脊椎動物の神経系は，脳や脊髄からなる**中枢神経系**と，中枢神経系以外の**末梢神経系**からなる。末梢神経系には，感覚器官からの情報を中枢に伝える**感覚神経系**と，中枢からの指令を筋肉に伝える**運動神経系**，恒常性にかかわる**自律神経系**がある。自律神経系は**交感神経系**と**副交感神経系**からなる。

　体内環境の維持には，**内分泌系**もかかわっている。内分泌系では，体内の特定の部位から，**ホルモン**とよばれる情報伝達物質が分泌される。ホルモンは血液によって運ばれ，特定の器官に到達すると，その器官の働きを調節する。

　分泌腺には，分泌物を体外に放出する**外分泌腺**と，血管内に放出する**内分泌腺**がある。ホルモンの多くは，内分泌腺から分泌される。

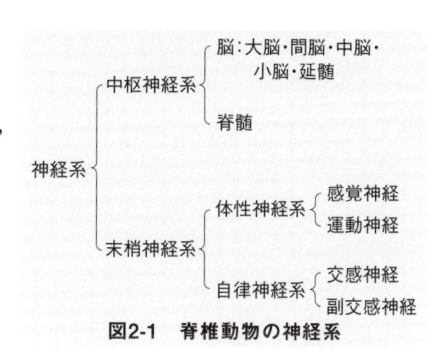

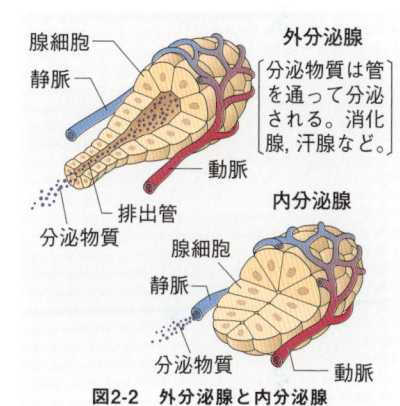

図2-1　脊椎動物の神経系

図2-2　外分泌腺と内分泌腺

コラム　情報伝達のスピード

　自律神経系は，神経を介する調節システムのため，情報を瞬時に伝えることができる。それに対して内分泌系は，情報物質のホルモンは血流により運搬されるので，情報の伝達は少し遅い。心臓を出た血液が，再び心臓に戻ってくるまでおよそ20秒。つまり，ホルモンが全身に行き渡るには20秒程度かかると考えられる。しかし，ホルモンは持続的な調節をすることができる。

2 自律神経による調節

　ヒトは緊張すると，意識していなくても脈拍が上がり呼吸も速くなる。落ち着くと脈拍は下がり，呼吸も遅くなる。これは，自律神経系が心臓や肺の運動を調節しているからである。

　自律神経系は，**交感神経**と**副交感神経**からなる。自律神経系によって調節されている器官の多くは，交感神経と副交感神経の両方によって調節されている。**交感神経と副交感神経は，互いに反対の作用をする**。片方が器官の働きを促進すれば，もう片方が抑制するように，拮抗的に働く。

　交感神経は脊髄から出て，心臓や気管支，胃・小腸・肝臓などの内臓，涙腺やだ腺に分布する。副交感神経は，中脳，延髄，脊髄下部から出て，標的の器官に分布する。

> 補足　緊張する場面では，環境の変化に対応するため，素早く力強い反応が必要となる。そのため，酸素の取り込みを盛んにし，血流を多くして酸素を全身に送り届け，代謝を高めている。

表2-1　ヒトの自律神経系の働き

器官	交感神経の興奮	副交感神経の興奮
瞳孔	拡大	縮小
心臓	拍動促進	拍動抑制
気管支	拡張	収縮
皮膚の血管	収縮	—
腸	運動抑制	運動促進
ぼうこう	排尿抑制	排尿促進

POINT
- 自律神経系は恒常性にかかわる。
- **交感神経**と**副交感神経**は互いに反対の作用をする。

図2-3　自律神経系の分布

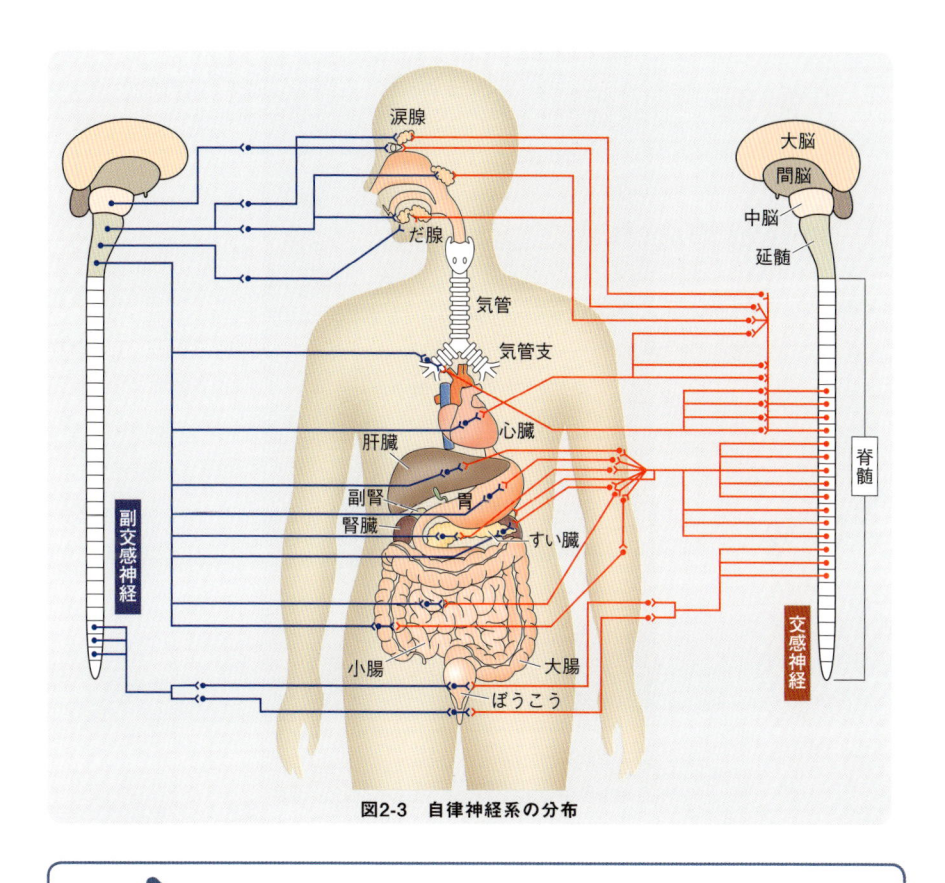

> **発展**　神経伝達物質の働き

　自律神経は，末端から神経伝達物質を分泌し，器官の働きを調節している。交感神経の末端からは**ノルアドレナリン**が，副交感神経の末端からは**アセチルコリン**が分泌される。

　ノルアドレナリンは，心臓の拍動を速め，血圧を上げ，消化管の運動や消化液の分泌を抑制する働きがある。反対に，アセチルコリンは心臓の拍動を遅くして血圧を下げ，消化管の運動や消化液の分泌を促進する働きがある。

　緊張すると顔面蒼白になる。ノルアドレナリンの作用により皮膚の血管が収縮するからである。狩りや戦闘などの場面では，怪我をする可能性が高い。血流を増やすとともに，皮膚の血管を収縮させ，出血を抑える効果があると考えられる。市販の瞬間下痢止め薬の有効成分ロートエキスは，アセチルコリンの作用を抑える働きがある。副交感神経による過剰な刺激を防ぎ，腸の動きを止めることで下痢を抑えている。

第2章　体内環境の維持のしくみ

3 ホルモン

1 内分泌腺とホルモン

　動物体内の特定の部位でつくられ、血液中に分泌されて他の場所に運ばれ、そこに存在する特定の組織や器官の働きを調節する物質を**ホルモン**とよぶ。ホルモンの多くは、**内分泌腺**でつくられ分泌される。ホルモンの調節を受ける特定の器官を**標的器官**という。

　標的器官には、特定のホルモンが結合する**受容体**がある。受容体はタンパク質でできていて、ホルモンの種類ごとに対応する受容体がある。ホルモンが受容体に結合すると、受容体を介して細胞の内部に情報が伝達され、細胞の活動が調節される。

表 2-2　内分泌腺とホルモンの作用

内分泌腺	ホルモン名		作　　用
視床下部	放出ホルモン 抑制ホルモン		脳下垂体前葉ホルモンの分泌促進と抑制
脳下垂体前葉	成長ホルモン		血糖濃度を上げる 全身の成長促進
	甲状腺刺激ホルモン		甲状腺ホルモンを分泌させる
	副腎皮質刺激ホルモン		副腎皮質機能を促進する
脳下垂体後葉	バソプレシン（抗利尿ホルモン）		腎臓での水の再吸収促進
甲状腺	チロキシン		代謝促進
副甲状腺	パラトルモン		血中 Ca^{2+} 濃度の上昇
副腎皮質	糖質コルチコイド（例：コルチゾール）		血糖濃度を上げる
	鉱質コルチコイド（例：アルドステロン）		血中での Na^+ と K^+ の量の調節
副腎髄質	アドレナリン		血糖濃度を上げる
すい臓 （ランゲルハンス島）	A細胞	グルカゴン	血糖濃度を上げる
	B細胞	インスリン	血糖濃度を下げる

図2-4　ヒトの内分泌線

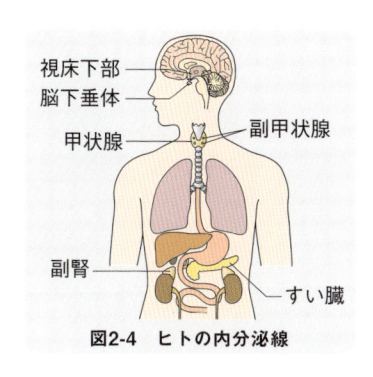

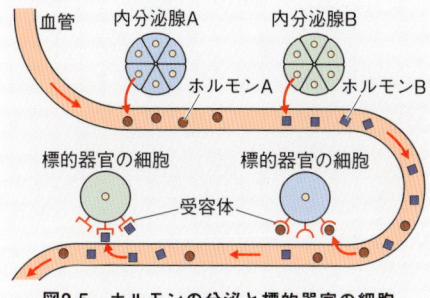

図2-5　ホルモンの分泌と標的器官の細胞

> **コラム　ホルモンの受容のしくみ**
>
> 　ホルモンの種類は複数ある。ホルモンのシステムは，放送局とその受信者に例えることができる。内分泌腺は特定の周波数の電波を発する放送局だ。放送局ごとに，電波の周波数は異なる。標的器官は受信者。受信者は，特定の周波数の電波だけを受信する固定チューナー（チャンネル）しかもたない。そのため，特定の放送局の番組を見ることができるが，他の放送局の番組は見られない。不特定多数に発する電波も，特定の周波数の電波（ホルモン）とチューナー（受容体）を使うことにより，特定の人（標的器官）だけに情報を送り届けることができる。受容体をもたない器官は，ホルモンがやってきても応答することはない。器官の役割と無関係な情報は無視して，無駄なエネルギーを使わないようにしている。受け取った情報に対する対応の仕方は人によって異なる。同様に，受け取ったホルモンに対する応答の仕方は，心臓や肝臓，腎臓など器官ごとに異なる。

第2章　体内環境の維持のしくみ

2 ホルモンの分泌の調節

　脳には間脳とよばれる領域がある。間脳は視床と**視床下部**に分けられる。**視床下部とそれにつながる脳下垂体は，ホルモンの分泌量を調節する中枢**である。

> 補足　脳下垂体は，脳から脳の一部が垂れ下がっているように見えることから名付けられた。

Ⓐ 視床下部

　ホルモンを分泌する神経細胞を**神経分泌細胞**とよぶ。視床下部の神経分泌細胞からは，**放出ホルモン**と**抑制ホルモン**が分泌される。放出ホルモンは，脳下垂体前葉のホルモンの分泌を促進し，抑制ホルモンは分泌を抑制する。

　視床下部と脳下垂体前葉は毛細血管でつながっている。視床下部の神経分泌細胞から放出されたホルモンは，血流によって脳下垂体前葉に運ばれる。脳下垂体前葉の細胞には，放出ホルモンと抑制ホルモンの受容体があり，視床下部からのホルモンの影響を受ける。その結果，脳下垂体前葉のホルモンの分泌量が調節される。

Ⓑ 脳下垂体

　脳下垂体には**前葉**と**後葉**がある。脳下垂体前葉からは，**甲状腺刺激ホルモン**と副腎皮質刺激ホルモンが分泌される。甲状腺刺激ホルモンは，甲状腺に働きかけ，**チロキシン**とよばれるホルモンの分泌を促進する。副腎皮質刺激ホルモンは，副腎皮質に働きかけ，糖質コルチコイドとよばれるホルモンの分泌を促進する。また，脳下垂体前葉は他に**成長ホルモン**も分泌している。

　脳下垂体後葉からは**バソプレシン**（抗利尿ホルモン）が分泌される。バソプレシンがつくられているのは視床下部である。視床下部の神経分泌細胞の軸索とよばれる突起は，脳下垂体後葉に入り込んでおり，視床下部でつくられたホルモンはその先端から放出される。

> 補足　視床下部から分泌されるホルモンは，脳下垂体前葉の活動を調節する。脳下垂体前葉から分泌されるホルモンは，甲状腺や副腎皮質でつくられるホルモンの分泌量を調節している。このように，それぞれの内分泌腺は，一連のホルモン情報伝達系統の中の一員として働いている。

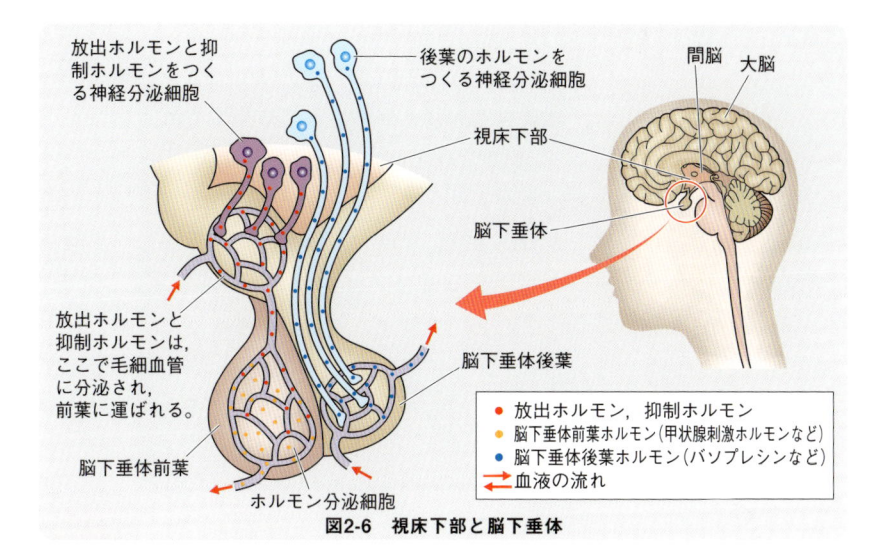

図2-6 視床下部と脳下垂体

> **POINT**
> - ホルモンの調節を受ける**標的器官**にはホルモンの**受容体**がある。
> - 間脳の**視床下部**と**脳下垂体**がホルモンの分泌調節の中枢である。
> - ホルモンを分泌する神経細胞を**神経分泌細胞**という。

コラム ホルモンが作用するしくみ

　ホルモンにはコルチコイドのように脂に溶ける脂溶性ホルモンと，インスリンのように水に溶ける水溶性ホルモンがある。脂溶性ホルモンは細胞膜を通過して，細胞質にある受容体に結合する。受容体にホルモンが結合すると，受容体は核に入り，遺伝子の発現を調節して特定のタンパク質を合成する。その結果，ホルモンの情報に応答して細胞が活動することになる。水溶性ホルモンの受容体は細胞膜にある。細胞膜の受容体がホルモンを受け取ると，その情報を細胞内に伝達し，代謝などの細胞の活動を変化させたり遺伝子の発現を調節したりする。

第2章　体内環境の維持のしくみ

C ホルモンと恒常性

ホルモンの分泌は，**フィードバック**とよばれるしくみによって調節されている。フィードバックとは，**結果が原因にさかのぼって作用するメカニズム**をいう。

体液中のチロキシンの濃度が下がると，まず，それを感知した視床下部が甲状腺刺激ホルモン放出ホルモンを分泌する。すると，脳下垂体前葉から甲状腺刺激ホルモンが分泌され，刺激を受けた甲状腺はチロキシンを分泌するようになる。チロキシンの濃度が高くなりすぎると，チロキシン自身が視床下部や脳下垂体前葉に作用して，甲状腺刺激ホルモンの分泌を抑える。甲状腺に甲状腺刺激ホルモンが来ないと，チロキシンの分泌は抑えられるため，体液中のチロキシン濃度は下がる。

このように，生産しすぎた産物がその産物の合成段階に働きかけ，合成を抑えるような抑制的なフィードバックを**負のフィードバック**とよぶ。**負のフィードバックが適切に働くことにより，恒常性が保たれる。**

副甲状腺ホルモンは骨からカルシウムを溶けださせる作用がある。体液のカルシウム濃度が低くなると，副甲状腺ホルモンが分泌され，カルシウム濃度が高くなる。体液中のカルシウム濃度が高くなると，カルシウムが副甲状腺に働きかけ，副甲状腺ホルモンの分泌を抑える。これも負のフィードバックが働いている。

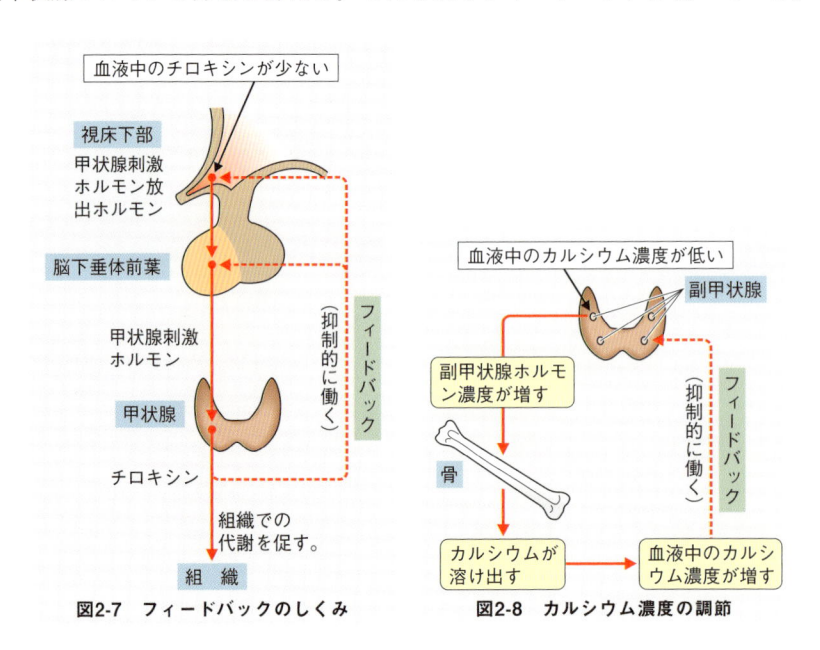

図2-7　フィードバックのしくみ

図2-8　カルシウム濃度の調節

3 自律神経とホルモンの共同作用

Ⓐ 血糖

グルコースは，細胞の活動のエネルギー源として最もよく使われる糖である。血液に含まれるグルコースのことを血糖という。糖分を多量に摂った時も空腹時も，血糖の濃度はほぼ一定に保たれており，細胞の活動が常に滞りなく行えるようになっている。

> 補足　血糖は，血液 100 mL あたり，60〜140 mg の範囲内に収まるように調節されている。

Ⓑ 血糖濃度を上昇させるしくみ

アドレナリン，グルカゴンの分泌

血糖濃度は自律神経系と内分泌系が連携して調節している。空腹や激しい運動によって血糖濃度が下がると，まずは視床下部の血糖調節中枢がそれを感知する。血糖濃度が低下したという情報は，血糖調節中枢から交感神経を通じて，副腎髄質とすい臓に伝えられる。すると副腎髄質からは**アドレナリン**が，すい臓の**ランゲルハンス島**の **A 細胞**からは**グルカゴン**がそれぞれ分泌される。アドレナリンとグルカゴンは，肝臓や筋肉に働きかける。その結果，肝臓や筋肉に蓄えられていたグリコーゲンはグルコースに分解され，血糖濃度が上がる。

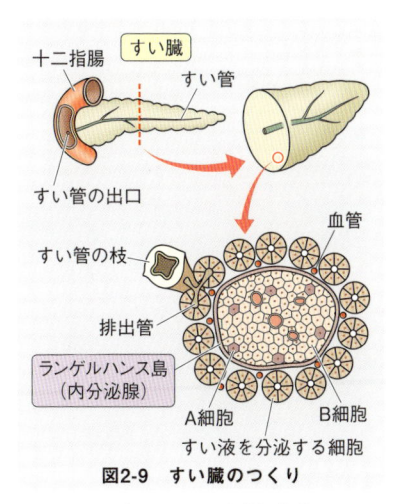

図2-9　すい臓のつくり

糖質コルチコイド，成長ホルモンの分泌

血糖調節中枢からの低血糖濃度の情報は，脳下垂体前葉を介して，副腎皮質にも伝えられる。低血糖濃度の情報を受け取った副腎皮質からは，副腎皮質ホルモンの**糖質コルチコイド**が分泌される。糖質コルチコイドは，タンパク質の分解を促してグルコースを合成する代謝経路を活性化し，血糖濃度を上げる。一方，血糖調節中枢から低血糖濃度の情報を受け取った脳下垂体前葉からは，**成長ホルモン**が分泌される。成長ホルモンには，成長を促進する作用だけでなく，血糖濃度を上げる働きもある。

❸血糖濃度を下げるしくみ

　血糖濃度が上がると，血糖調節中枢は副交感神経を通じて，すい臓のランゲルハンス島の **B 細胞** に情報を伝える。高血糖濃度の情報を受け取ったB細胞からは，**インスリン**が分泌される。インスリンは各細胞のグルコースの消費を高める。それと同時に，肝臓や筋肉の細胞に対してはグルコースを取り込み，グリコーゲンを合成するよう促す。その結果，血糖濃度が下がる。

　❷，❸のように，血糖濃度は，視床下部やすい臓に常にフィードバックされ，血糖濃度の恒常性が保たれている。

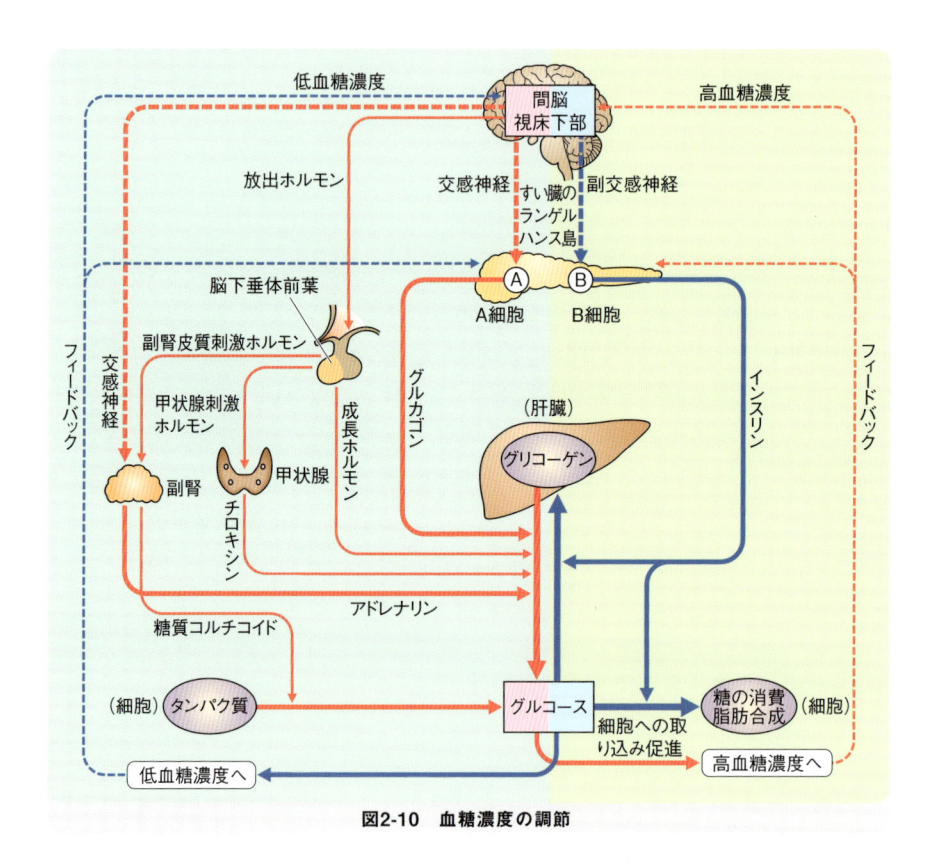

図2-10　血糖濃度の調節

> **POINT**
> - 血糖濃度は自律神経系と内分泌系の両方の働きで一定に保たれる。
> - 視床下部の**血糖調節中枢**が血糖濃度の低下・上昇を感知し，血糖濃度調節の指令を発信する。

D インスリンと糖尿病

インスリンの分泌量の調節が異常になり，インスリンの血中濃度が低下したままになると，血糖濃度が上がる。過剰な血糖は再吸収が追いつかず尿に排出されるため，このような症状の病気を糖尿病という。血糖濃度が異常に高くなると，毛細血管が破壊され，失明，脳梗塞，心筋梗塞や神経障害，腎臓機能不全などが起き，全身の器官が正常に働かなくなる。

E 体温の調節

ヒトなどの恒温動物では，外気温が高くても低くても体温はほぼ一定に保たれている。体温が下がると，皮膚の血管が収縮して血流による放熱を防ぎ，肝臓や筋肉が発熱して体温を保つ。体温が上がると，皮膚の血管が拡張して放熱する。また，発汗による水の気化熱で体を冷やす。このような体温の調節は，視床下部にある体温調節中枢が担っている。

体温の低下を体温調節中枢が認識すると，交感神経を介して皮膚の血管を収縮させる。また，脳下垂体前葉からホルモンを分泌させ，副腎髄質と副腎皮質，甲状腺のホルモンの分泌を促進させる。副腎髄質からはアドレナリン，副腎皮質からは糖質コルチコイド，甲状腺からはチロキシンがそれぞれ分泌される。アドレナリン，糖質コルチコイド，チロキシンは肝臓や筋肉の代謝を活発にして発熱を促す。また，アドレナリンには，皮膚の血管を収縮させることで放熱を防ぐ働きもある。

このように，自律神経とホルモンが共同して体温を調節している。

図2-11 体温調節のしくみ

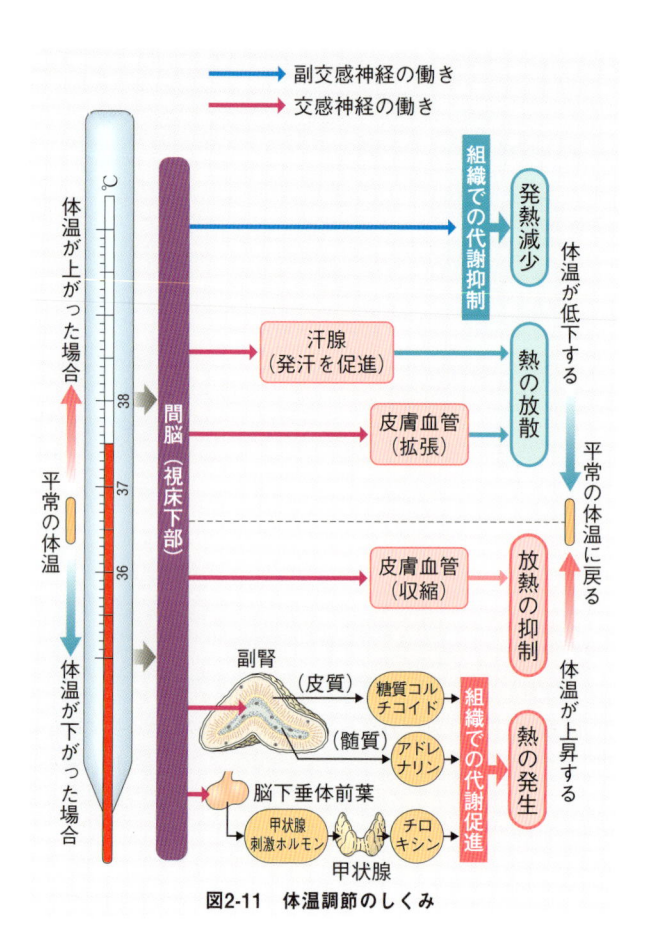

> **コラム　熱中症**
>
> 　体温が高くなると，体温調節中枢が働いて汗をかく。この状態が長時間続くと，体液の水分含量が減り，熱中症になる。熱中症は水を飲んだだけでは収まらない。発汗とともに塩類も排出されるからである。細胞が正常に活動するためには，塩濃度を一定に保つ必要がある。水分を補給しただけでは体液の塩濃度が下がる。塩濃度の低下を視床下部が認識すると，自律神経系と内分泌系に働きかけ，水分を尿として排出させ，塩濃度を一定に保とうとする。そのため，体液の量が減り，発汗が抑えられて，さらに体温が上昇することになる。熱中症は恒常性のシステムを誤作動させることにより引き起こされる。熱中症を防ぐためには，水と塩類の両方の補給が必要である。

この章で学んだこと

脊椎動物は，自律神経系と内分泌系を発達させることにより，器官や組織の働きを統合的に精巧に調節し，体内の恒常性を保っている。この章では，自律神経とホルモンによる恒常性の維持について学んだ。

1 脊椎動物の神経系
1. **脊椎動物の神経系** 中枢神経と末梢神経からなる。末梢神経系には，感覚神経系，運動神経系，自律神経系がある。
2. **自律神経系** 交感神経と副交感神経からなる。
3. **内分泌系** ホルモンも体内環境の維持に関わっている。分泌腺には，外分泌腺と内分泌腺がある。
4. **自律神経による調節** 自律神経によって調節される器官の多くは，交感神経と副交感神経の両方によって調節されている。
5. **拮抗的な働き** 交感神経と副交感神経は，互いに反対の作用をする。

発展 神経伝達物質の働き

2 ホルモン
1. **ホルモン** 動物体内の特定の部位でつくられる。組織や器官の働きを調節する。多くは内分泌腺でつくられる。
2. **標的器官** ホルモンの調節を受ける器官。ホルモンの受容体をもつ。
3. **神経分泌細胞** ホルモンを分泌する神経細胞。

3 ホルモンの分泌の調節
1. **視床下部と脳下垂体** 間脳にある。ホルモンの分泌を調整する中枢。
2. **視床下部** 視床下部の神経分泌細胞からは，放出ホルモンと抑制ホルモンが分泌される。放出ホルモンは脳下垂体前葉のホルモン分泌を促進し，抑制ホルモンは分泌を抑える。
3. **脳下垂体** 前葉からは甲状腺刺激ホルモン，副腎皮質刺激ホルモン，成長ホルモンが分泌される。後葉からはバソプレシンが分泌される。
4. **甲状腺刺激ホルモン** 甲状腺に働きかけ，チロキシンの分泌を促す。

4 ホルモンと恒常性
1. **フィードバック** 結果が原因にさかのぼって作用するしくみ。
2. **負のフィードバック** 生産しすぎた産物がその産物の合成段階に働きかけ，合成を抑えるような抑制的なフィードバック。恒常性の維持に必要なしくみ。

5 血糖の濃度を保つしくみ
1. **血糖調節中枢** 視床下部の血糖調節中枢が，血糖濃度の低下・上昇を感知し，血糖濃度の調整に関する指令を出す。
2. **血糖量の増加①** 血糖濃度が低下すると，アドレナリンとグルカゴンが分泌され，グリコーゲンがグルコースに分解され，血糖濃度を上げる。
3. **血糖量の増加②** 糖質コルチコイドは，タンパク質の分解を促してグルコースを合成する代謝経路を活性化する。成長ホルモンにも血糖濃度を上げる働きがある。
4. **血糖濃度の抑制** 血糖濃度が上昇すると，すい臓のランゲルハンス島からインスリンが分泌される。インスリンはグルコースの消費を高める。

確認テスト2

解答・解説は p.197

1 神経系と内分泌系について述べた文を読み，文中の空欄（ ア ）～（ シ ）にあてはまる語を答えよ。

脊椎動物の神経系は（ ア ）や（ イ ）からなる中枢神経系と，それ以外の（ ウ ）からなる。（ ウ ）は，中枢に向かう神経と，中枢から出る神経に分けられる。前者には，（ エ ）神経がある。後者には，中枢からの指令を骨格筋に伝える（ オ ）神経と，内臓などに伝え，恒常性にかかわる（ カ ）神経系がある。（ カ ）神経系は，さらに（ キ ）神経系と（ ク ）神経系という2系統をもち，（ ケ ）的に働く。

恒常性には，特定の部位から（ コ ）という情報伝達物質を分泌する内分泌系もかかわっている。（ コ ）は，内分泌腺から（ サ ）に分泌されて全身に運ばれるが，特定の器官にのみ作用し，その器官の働きを調節する。このような器官を（ シ ）という。（ シ ）には，特定の（ コ ）が結合する（ ス ）がある。（ ス ）は（ セ ）でできており，（ コ ）の種類ごとに対応する（ ス ）がある。

2 ヒトの自律神経系の働きに関する下表の空欄に適する語と，下の文中の空所（ ア ）～（ サ ）に適する語を，それぞれ答えよ。

	瞳孔	心臓拍動	気管支	皮膚血管	腸	ぼうこう
交感神経						
副交感神経					—	

〔文〕 緊張する場面では，変化への素早い応答が求められる。そのため，酸素の取り込みを（ ア ）にし，血流量を（ イ ）して，細胞の代謝を（ ウ ）ている。つまり，このような場面で作用するのは，（ エ ）神経である。（ エ ）神経が作用するのは，エネルギーを（ オ ）するような活動の場面であり，（ カ ）神経が作用するのは，エネルギーを（ キ ）するようなときである。

（ エ ）神経の末端からはノルアドレナリンが，（ カ ）神経の末端からはアセチルコリンが，それぞれ分泌される。したがって，ノルアドレナリンには，血圧を（ ク ）させ，消化管の活動を（ ケ ）し，骨格筋が盛んに活動できる体内環境をつくり出す働きがある。反対に，アセチルコリンは血圧を（ コ ）させ，消化管の活動を（ サ ）する働きがある。

3 　下図はヒトの血糖濃度の調節のしくみを模式的に示したものである。次の問いに答えよ。

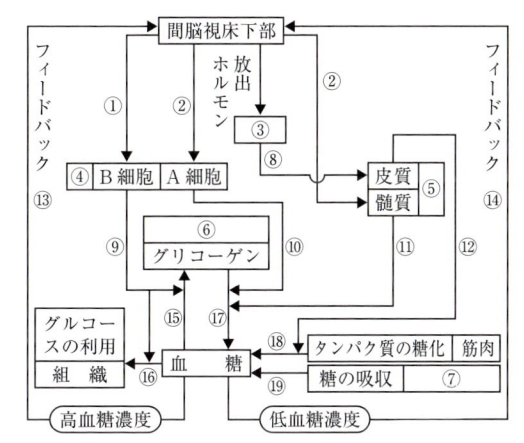

(1) 図中の①と②は神経の名称を，③～⑦は器官名，⑧～⑫にはホルモン名を，それぞれ入れよ。
(2) 糖分の多い食物を摂取し，血糖濃度が上昇したときの反応経路を図中の番号で示せ。ただし，⑦より始めること。

4 　次図は視床下部と脳下垂体の模式図である。以下の問いに答えよ。
(1) 図中のA～Cに器官名を記入せよ。
(2) 図中の矢印①～⑦のうち，血液の流れを示しているものはどれか。番号を記せ。
(3) 次のホルモンが多く含まれている血液の流れはどれか。①～⑦の矢印から選べ。
　ア　甲状腺刺激ホルモン
　イ　副腎皮質刺激ホルモン
　ウ　成長ホルモンの放出を促すホルモン
(4) バソプレシンの通る経路を①～⑦の番号で示せ。

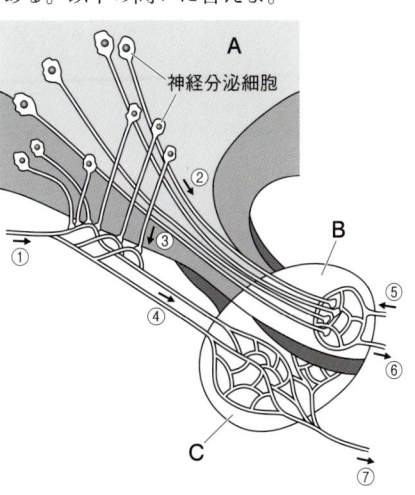

第2章　体内環境の維持のしくみ　127

第3章

免疫

この章で学習するポイント

- 生体防御
  - 異物の侵入を防ぐしくみ
  - 免疫にかかわる細胞

- 体液性免疫
  - 体液性免疫のしくみ
  - 抗原抗体反応
  - 記憶細胞と二次応答
  - ワクチン
  - 血清療法
  - アレルギー

- 細胞性免疫
  - 細胞性免疫のしくみ
  - 拒絶反応

- 免疫にかかわる疾患
  - エイズ
  - 自己免疫疾患

1 生体防御

1 病原体の侵入を防ぐしくみ

　異物が体内に侵入することを防いだり，体内に侵入した異物を排除したりするしくみのことを**生体防御**という。

　皮膚は異物に対する物理的な障壁になっている。汗や涙には殺菌力のある酵素が含まれている。鼻や気管などの粘膜は粘液で覆われており，侵入してきたウイルスや細菌を粘液にからめ，繊毛運動によって排出している。また，血液の凝固には傷をふさいで出血を抑え，異物の侵入を防ぐ働きがある。

2 免疫にかかわる細胞

　体内に侵入した病原体や，正常な細胞が変化して生じたがん細胞を，**非自己**として認識し，排除するしくみを**免疫**という。また，免疫反応を誘起させる原因となる物質を**抗原**という。

　免疫には**自然免疫**と**獲得免疫**があり，白血球がかかわる。体内に異物が侵入すると，白血球が異物を取り込み分解し，無毒化する。この過程を自然免疫といい，ほとんどすべての動物がもつ基本的な免疫である。細胞が異物を取り込み分解することを食作用という。食作用にかかわる白血球を**食細胞**といい，好中球，**マクロファージ**，**樹状細胞**などがある。

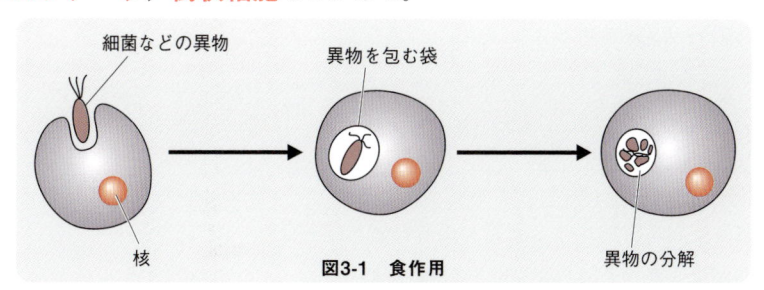

図3-1　食作用

　獲得免疫は，自然免疫によって異物を取り込んだ樹状細胞やマクロファージが，リンパ球とよばれる白血球に，異物の抗原の情報を伝えることで開始される。

リンパ球とよばれる白血球には**B細胞**と**T細胞**があり，どちらも骨髄にある造血幹細胞からつくられる。B細胞はそのまま骨髄で成熟し，**抗体**の産生にかかわる。T細胞は骨髄でつくられた後，胸腺に入って成熟する。T細胞には**ヘルパーT細胞**と**キラーT細胞**がある。ヘルパーT細胞は異物の情報を認識して，B細胞とキラーT細胞を活性化する働きがある。キラーT細胞は感染細胞やがん細胞を攻撃して破壊する。

補足 B細胞は骨髄(Bone marrow)で成熟し，T細胞は胸腺(Thymus)で成熟することから，英語の頭文字をとって名付けられた。

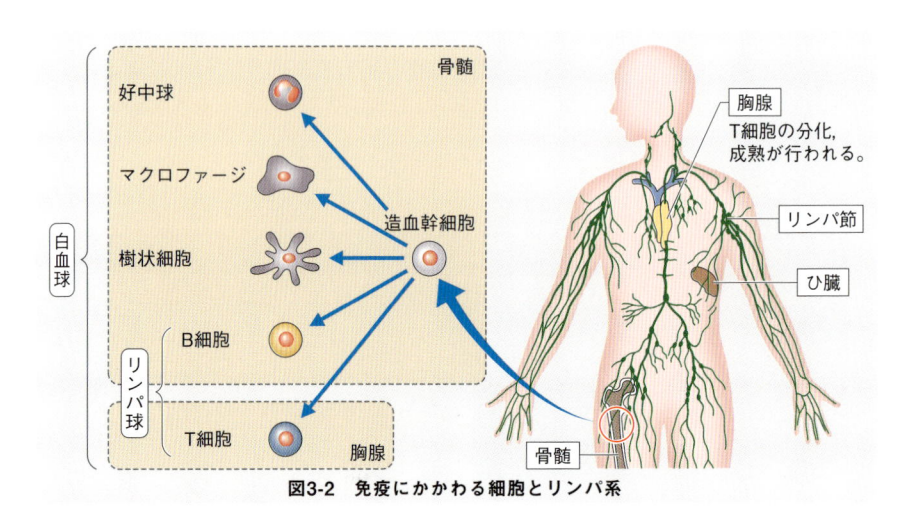

図3-2 免疫にかかわる細胞とリンパ系

免疫には**細胞性免疫**と**体液性免疫**がある。細胞が直接異物を認識し，排除する免疫を細胞性免疫という。細胞性免疫には，キラーT細胞がかかわる。体液性免疫は，抗原を認識する抗体が血流に乗って体中をめぐることから名付けられた。体液性免疫には，抗体を産生するB細胞がかかわる。

POINT

- 免疫反応を誘起させる原因となる物質を**抗原**という。
- 白血球は異物を食作用により処理する。
- **細胞性免疫**→細胞が直接異物を排除する。
- **体液性免疫**→B細胞が産生する抗体がかかわる。

2 体液性免疫

1 体液性免疫のしくみ

　異物が体内に侵入すると，樹状細胞などの食細胞が異物を取り込んで分解する。次に，食細胞は断片化した異物を，細胞の表面に抗原として提示する。細胞の表面に抗原として提示された異物をヘルパーT細胞が異物として認識すると，そのヘルパーT細胞が増殖し，同じ抗原を認識するB細胞を活性化させる。活性化されたB細胞は増殖して**抗体産生細胞**となり，抗体を血しょう中に分泌する。

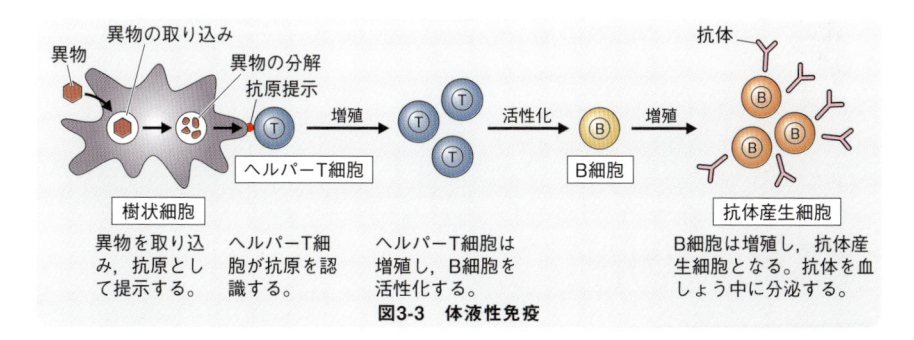

図3-3　体液性免疫

2 抗原抗体反応

　抗体産生細胞が抗体を血しょうに放出すると，抗体は抗原を特異的に認識して結合する。**抗体が抗原と特異的に結合することを抗原抗体反応**という。

　抗体は異物に結合することにより，異物を無毒化する。また，抗体が異物や病原体に結合すると，それを白血球が認識し，食作用により異物や病原体を除去する。

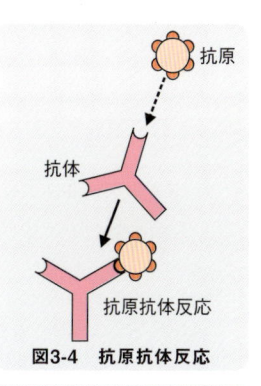

図3-4　抗原抗体反応

> **コラム　利根川進博士の業績**
>
> 　抗原は無限に近い種類がある。それぞれの抗原に対応する抗体の遺伝子があるとすると，ヒトがもつ2万2千個の遺伝子では足りない。利根川進博士は多様な抗原に対する抗体をつくり出すしくみを解明し，1987年にノーベル生理学・医学賞を受賞した。

> **POINT**
> - ヘルパーT細胞がB細胞を活性化し，抗体産生細胞にする。
> - **抗原抗体反応**により，抗体は抗原に特異的に結合する。

発展　抗体のつくり

抗体は**免疫グロブリン**とよばれるタンパク質でできている。免疫グロブリンはY字型の構造をしており，**可変部**と**定常部**からなる。抗原に結合するのは可変部である。可変部と抗原は，かぎとかぎ穴のように相補的な立体構造をしている。そのため，抗体は特異的に抗原に結合することができる。可変部の立体構造は，抗体が結合する抗原ごとに異なる。定常部はどの抗体でも同じ構造をしている。

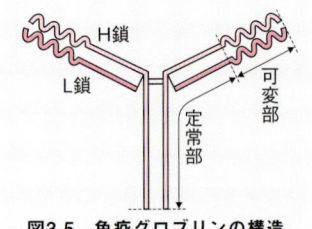

図3-5　免疫グロブリンの構造

発展　体液性免疫のくわしいしくみ

①ヘルパーT細胞の細胞表面には受容体があり，食細胞が提示する抗原に結合する性質がある。ヘルパーT細胞ごとに受容体の抗原結合部位の立体構造は異なるため，それぞれのヘルパーT細胞は特定の抗原のみと結合する。
②受容体はB細胞の細胞表面にもある。ヘルパーT細胞と同様に，受容体が認識する抗原はB細胞ごとに異なる。B細胞も異物を取り込み，異物を細胞内で断片化し，抗原として細胞表面に提示している。
③ヘルパーT細胞とB細胞が，同じ抗原を認識していれば，受容体と抗原を介して互いに結合する。
④ヘルパーT細胞は**インターロイキン**とよばれる物質を分泌し，結合しているB細胞を特異的に活性化する。その結果，B細胞は抗体産生細胞となり，抗原に対する抗体がつくられる。B細胞の受容体と抗体は，実は同じタンパク質である。B細胞の受容体が放出されたものを抗体という。
⑤抗体が異物に結合すると，異物は無毒化される。異物が細菌の場合は，細菌に結合した抗体が目印となって，目印を認識した食細胞が攻撃して排除する。

（補足）インターロイキンには複数の種類があり，細胞の分化，増殖，活性化などを誘導する。

図3-6 体液性免疫のくわしいしくみ

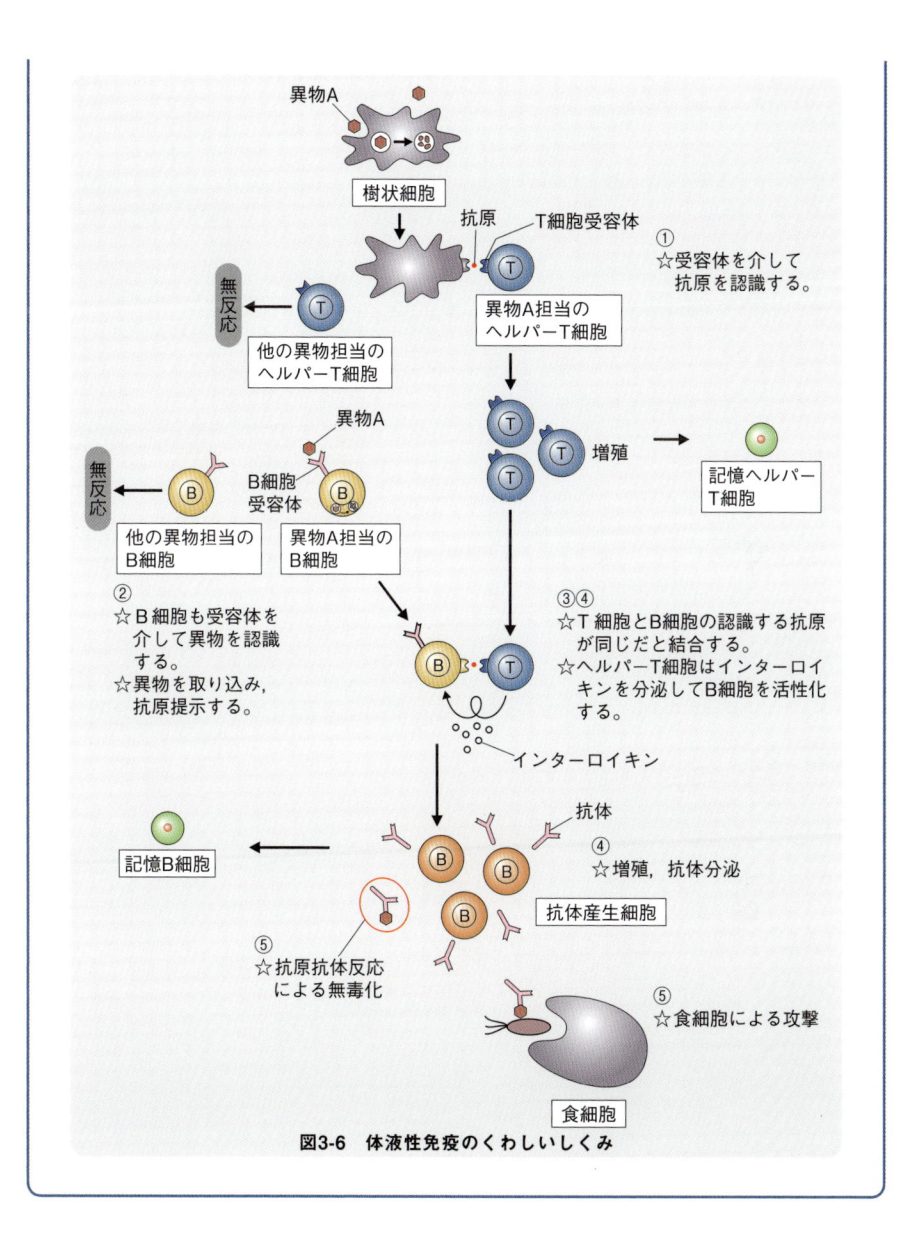

> **発展** 多様な抗体がつくられるしくみ

　抗体は，L鎖（軽鎖）とH鎖（重鎖）とよばれる構造をそれぞれ2つずつもち，合計4本で構成される。L鎖とH鎖にはいずれも可変部と定常部があり，抗原との結合は可変部で行われる。

　体細胞の大部分は，染色体の遺伝子を複製して娘細胞に分配している。そのため，どの細胞も同じ遺伝情報をもつ。しかし，抗体を産生するB細胞では，抗体の遺伝子が再編成されている。再編成のパターンは細胞ごとに異なっており，多様な抗体の産生が可能となる。

　H鎖の可変部の情報をもつ遺伝子の領域は，V，D，Jの3つの分節に分かれている。ヒトでは，少しずつ配列が異なるVが約50個連なっており，D分節も少しずつ配列が異なるDが約30個，J分節も少しずつ配列が異なるJが6個連なっている。遺伝子の再編成はB細胞が成熟する過程で起こり，連なったV，D，Jの中から無作為に一つずつが選び出される。V，D，Jの組合せは $50 \times 30 \times 6 = 9000$ となり，9000種類のH鎖が生じることとなる。

　L鎖の可変部の情報をもつ遺伝子の領域も，少しずつ配列が異なるVが35個と，少しずつ配列が異なるJが5個連なっている。H鎖と同様に再編成が行われ，175種類のL鎖が生じる。H鎖とL鎖が組み合わされて一つの抗体となるため，抗体の種類は，$9000 \times 175 =$ 約150万となる。一つのB細胞は1種類の抗体しかつくらないので，150万種類のB細胞が生じることになる。各々のB細胞は，細胞ごとに異なる抗体を産生するので，結果として150万種類の抗体がつくられる。

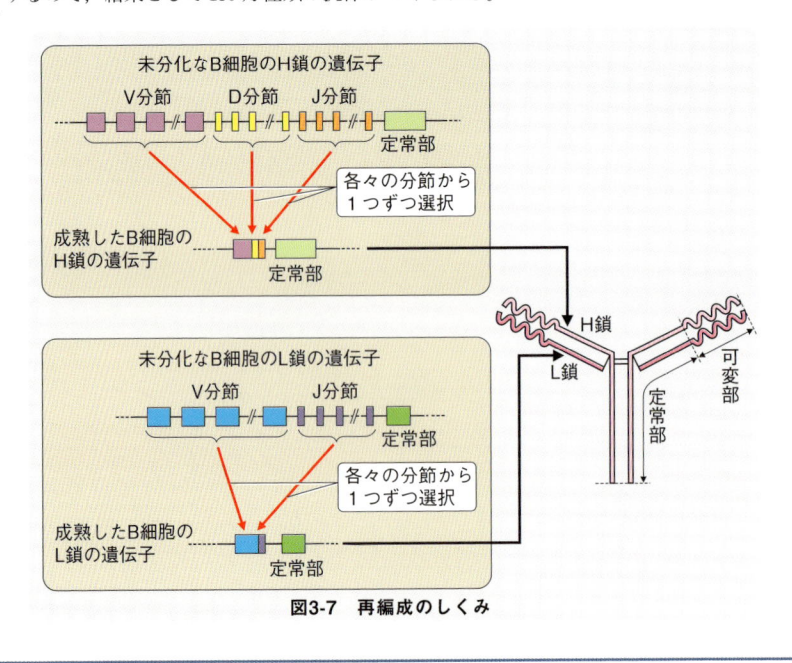

図3-7　再編成のしくみ

3 二次応答

抗体を産生する最初の免疫応答を**一次応答**という。感染の経験がない病原体が体内に侵入した場合は，免疫系が応答して抗体を産生するまで1週間ほどかかる。その間，病原体が体内で増殖し，発病する。一方，**ある病原体に感染した経験があると，同じ病原体に感染しにくくなる**。これを**免疫記憶**という。

病原体に感染すると，活性化し増殖したヘルパーT細胞と，B細胞の一部が**記憶細胞**となって体内に保存される。再び同じ抗原をもつ病原体が体内に侵入すると，記憶細胞が速やかに増殖し，急速に強い免疫反応が起こる。その結果，大量の抗体が産生され，抗体により病原体の増殖が抑制され，排除される。

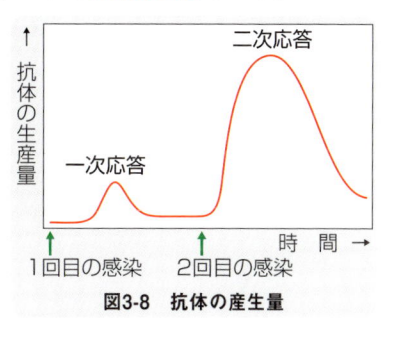

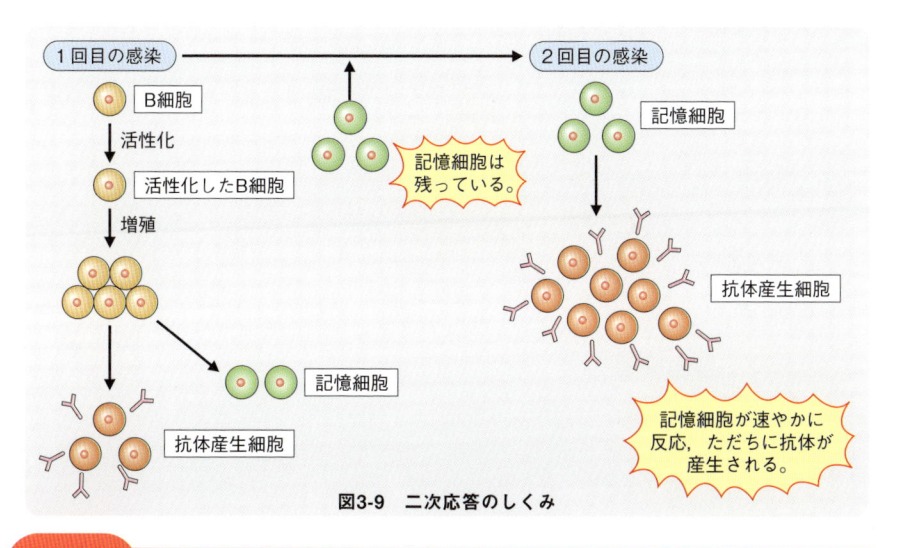

図3-8 抗体の産生量

図3-9 二次応答のしくみ

POINT

活性化されたヘルパーT細胞とB細胞の一部が**記憶細胞**となるため，すばやい二次応答が起きる。

4 ワクチン

　特定の病原体による感染を防ぐために，毒性を弱くした病原体や無毒化した毒素をあらかじめ注射する方法がある。このとき用いられる抗原を**ワクチン**という。ワクチンにより記憶細胞がつくられ，ワクチンと同じ抗原をもつ病原体が侵入すると速やかに抗体が産生されて感染が抑えられる。

5 血清療法

　特定の抗原に対する抗体をウマなどの動物につくらせ，抗体を含む血清(抗血清)を注射することにより抗原を無毒化する治療法を**血清療法**という。

　マムシにかまれたとき，マムシの毒素に対する抗血清を注射するように，血清療法は緊急を要する場合に用いられる。ウマなどの動物の血清は，ヒトにとってそれ自体が異物であるため使用には注意が必要である。

6 アレルギー

　抗原抗体反応が過敏に起こると，じんましんや目のかゆみ，鼻づまりなど体に不都合な症状が現れることがある。このような反応を**アレルギー**といい，アレルギーの原因となる物質を**アレルゲン**という。

　アレルゲンはまれに，全身性の強い反応を引き起こすことがある。これを**アナフィラキシーショック**とよぶ。

補足　金属アレルギーやうるしによるかぶれなど，細胞性免疫がかかわるアレルギー反応もある。

> **コラム　腸内細菌**
>
> 　ウシが好んで食べる麦わらの主要栄養成分はセルロースであるが，哺乳類はセルロースを消化することができない。ウシは，セルロースを分解する原生生物や細菌を腸内に共生させ，その分解産物を栄養素として吸収している。生物は外部からの侵入が有利か不利かによって，排除のしくみを調節する能力をもっている。

3 細胞性免疫

1 細胞性免疫のしくみ

抗体を介さず，**細胞が直接的に抗原を排除する免疫を細胞性免疫**という。病原体に感染した細胞やがん細胞は，この細胞性免疫によって排除される。

樹状細胞などが取り込んで断片化し細胞表面に提示した抗原を，まずはヘルパーT細胞が認識する。抗原の情報を得たヘルパーT細胞は活性化し，増殖する。ここまでのしくみは，体液性免疫と同様である。

増殖したヘルパーT細胞は，同じ抗原に対応する**キラーT細胞**を活性化し，増殖を促進する。増殖したキラーT細胞は，病原体に感染した細胞やがん細胞を直接攻撃し排除する。ヘルパーT細胞はマクロファージも活性化し，マクロファージは食作用により抗原を破壊する。細胞性免疫では，キラーT細胞の一部が記憶細胞として残る。

補足　活性化したキラーT細胞は，感染細胞に穴をあけDNAを破壊したり，アポトーシス（細胞の自殺）を促進させる物質を注入することにより細胞を破壊する。

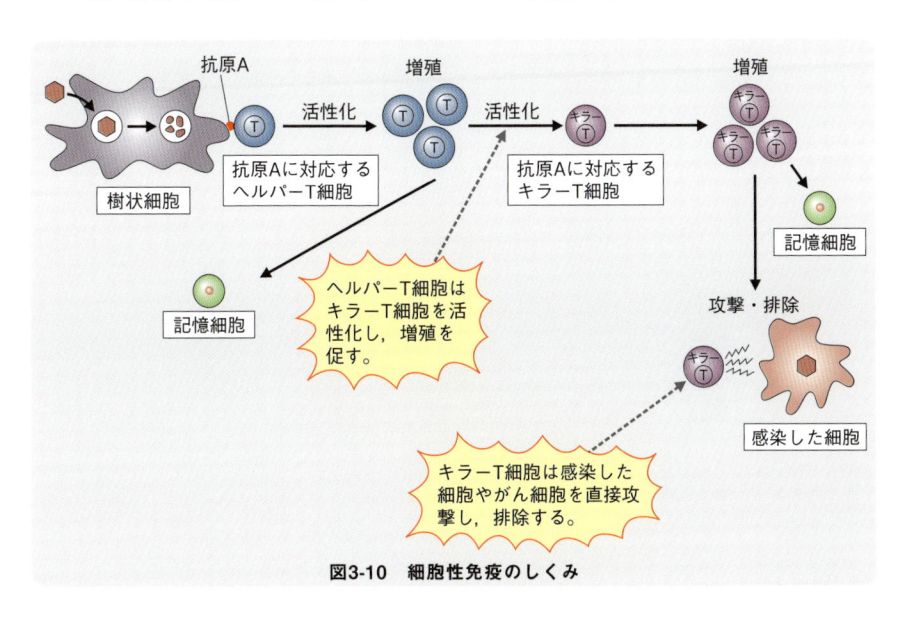

図3-10　細胞性免疫のしくみ

2 拒絶反応

　移植された他人の組織や器官は異物として認識され，細胞性免疫によって攻撃を受ける。これを**拒絶反応**という。拒絶反応では，移植された組織をキラーT細胞が攻撃する。

> **POINT**
> ● ヘルパーT細胞は同じ抗原を認識する**キラーT細胞**を活性化する。
> ● キラーT細胞は，感染した細胞やがん細胞を直接攻撃して排除する。

コラム　自己を攻撃しない免疫のしくみ

　T細胞の表面には抗原特異的な受容体がある。T細胞の受容体も，抗体と同じようにDNAの再編成によってつくられ，個々のT細胞は異なる受容体をもつ。DNA再編成はランダムに起こるので，自己を攻撃するT細胞もできるはずである。しかし，自己を攻撃するT細胞が排除されるしくみがある。

　造血幹細胞が骨髄から出て，血流に乗って胸腺に到達すると，胸腺の中で未成熟T細胞となる。個々の未成熟T細胞はそれぞれ異なる受容体をもっている。未成熟T細胞の受容体が胸腺の細胞（自己）と接し，受容体と自己の細胞の物質が結合すると，未成熟T細胞が破壊される。その結果，自己を認識するT細胞が排除され，自己を攻撃しない免疫のしくみがつくられる。このしくみに問題があると，自己免疫疾患（→p.139）のような病気になってしまう。

4 免疫にかかわる疾患

1 エイズ

　ヘルパーT細胞は，体液性免疫，細胞性免疫の両方にかかわる。**HIV**とよばれる**ヒト免疫不全ウイルス**は，ヘルパーT細胞に感染し破壊する。そのため，免疫機能が損なわれ，さまざまな病原体に感染しやすくなる。HIVにより引き起こされる疾患を**エイズ（AIDS，後天性免疫不全症候群）**という。免疫機能が損なわれると，健康な体であれば感染しない病原性の低い病原体にも感染するようになる。このような感染を**日和見感染**という。HIVは感染してから発症するまで長い時間がかかるため，感染してもしばらくは自覚症状がなく，他人に感染させてしまう危険性が高い。

> 補足　HIVはHuman Immunodeficiency Virus，AIDSはAcquired Immune Deficiency Syndromeの頭文字表記である。

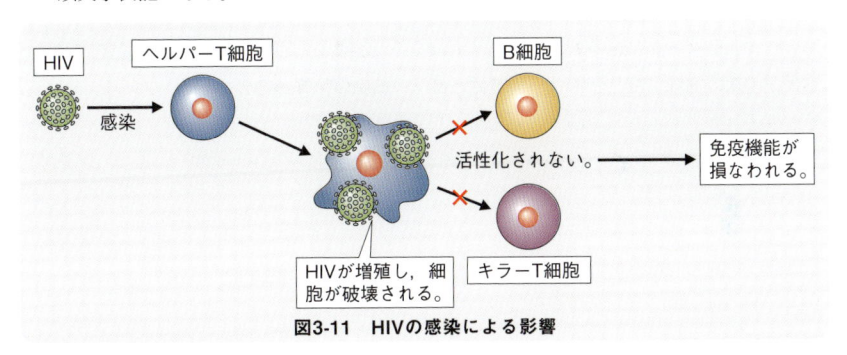

図3-11　HIVの感染による影響

2 自己免疫疾患

　免疫のしくみが，自身を攻撃，排除しようとすることにより引き起こされる疾患を**自己免疫疾患**という。自己免疫疾患では，自己の組織や正常な細胞に対する抗体がつくられてしまう。重症筋無力症，バセドウ病，全身性エリテマトーデスなどがある。

> 補足　**重症筋無力症**：筋細胞には，神経伝達物質アセチルコリンの受容体がある。このアセチルコリン受容体に対する抗体ができてしまう病気。筋肉に刺激を伝えるアセチルコリンの受容体に抗体が結合すると，情報の伝達が妨げられ，筋肉の脱力が引き起こされる。

バセドウ病：甲状腺刺激ホルモン受容体に対する抗体ができる病気。甲状腺刺激ホルモン受容体に抗体が結合すると、受容体が活性化され、甲状腺ホルモンが過剰に分泌される。甲状腺ホルモンは代謝を高める働きがあるため、ホルモンの量が過剰になると頻脈や眼球突出など全身にさまざまな影響を及ぼす。

全身性エリテマトーデス：細胞の核やDNAに対する抗体が産生され、細胞の機能が異常になる。発熱、関節炎などが引き起こされる。

POINT

- HIVはT細胞を破壊するため、免疫不全になる。
- **自己免疫疾患**は、免疫のしくみが自身を攻撃することにより起きる。

コラム 細胞内の異物の認識システム

体内に侵入した細菌は、細胞の外にいるため、抗体により認識される。したがって、体液性免疫によって排除することができる。しかし、ウイルスは細胞の中に侵入するため、抗体では認識できず、体液性免疫は機能しない。細胞性免疫では、感染した細胞が細胞表面に提示するウイルスの断片をキラーT細胞が認識し、感染細胞ごとウイルスを破壊する。がん細胞も、細胞内にできた異常なタンパク質を細胞表面に提示しており、細胞性免疫により除去される。

この章で学んだこと

生物の体は，ウイルスや細菌などさまざまな異物が侵入する危険にさらされている。この章では，異物の侵入を防いだり，侵入した異物を排除したりするしくみについて学んだ。

1 生体防御

1 生体防御 体内へ異物が侵入するのを防いだり，体内に侵入した異物を排除するしくみ。

2 免疫 病原体やがん細胞を非自己として認識し，排除するしくみ。

3 食作用 病原体などの異物を取り込み，分解するなどして処理する作用。白血球が行う。

4 食細胞 食作用にかかわる白血球のこと。マクロファージや樹状細胞が代表的。

5 リンパ球 白血球の一種。B細胞とT細胞がある。B細胞は抗体の産生にかかわる。

6 T細胞 ヘルパーT細胞とキラーT細胞がある。ヘルパーT細胞は異物の情報を認識し，B細胞とキラーT細胞を活性化する。キラーT細胞は感染細胞やがん細胞を攻撃して破壊する。

2 体液性免疫

1 体液性免疫 抗原を認識する抗体が，血流にのって体をめぐり，体を守る。

2 抗原抗体反応 抗体と抗原が特異的に結合すること。抗体と結合した異物は無毒化されたり，白血球の食作用により除去される。

発展 抗体のつくり
発展 体液性免疫のくわしいしくみ
発展 多様な抗体がつくられるしくみ

3 一次応答 抗体を産生する最初の免疫反応。抗体の産生には時間がかかる。

4 記憶細胞 病原体に感染すると，その病原体に対する抗体をもつB細胞が活性化して抗体産生細胞になる。一部は記憶細胞となり体内に保存され，次の感染に備える。

5 二次応答 感染した経験のある病原体に再び接すると，記憶細胞が速やかに増殖し，大量の抗体を産生する。

6 ワクチン 毒性を弱くした病原体や無毒化した毒素をあらかじめ注射する。記憶細胞をつくっておくことで，特定の病原体による感染を防ぐ。

7 血清療法 抗体を含む血清を注射し，抗原を無毒化する。

8 アレルギー 抗原抗体反応が過敏になるなどし，目のかゆみなどが起きる。アレルギーの原因物質をアレルゲンという。

3 細胞性免疫

1 細胞性免疫 抗体を介さず，免疫細胞が直接的に抗原を排除する。

2 細胞性免疫のながれ 樹状細胞による抗原提示→ヘルパーT細胞による認識→キラーT細胞の活性化→感染細胞やがん細胞の排除

3 拒絶反応 移植された臓器などが，異物として認識され，細胞性免疫によって攻撃を受けること。

4 免疫にかかわる疾患

1 エイズ HIVがヘルパーT細胞に感染し，免疫機能を破壊するために起こる病気。

2 自己免疫疾患 免疫のしくみが，自身を攻撃する。

確認テスト3

解答・解説は p.198

1 生体防御について述べた文を読み，文中の空欄（ ア ）～（ コ ）にあてはまる語を答えよ。

異物が体内に侵入しないようにするしくみには，外壁として物理的に防御する（ ア ）や，粘液で覆われている（ イ ）がある。（ イ ）は，侵入してきたウイルスや細菌を粘液にからめ，（ ウ ）運動などで排出している。また，汗や涙には，殺菌力のある（ エ ）が含まれている。

これらを突破して侵入した病原体や，正常な細胞が変化して生じた（ オ ）細胞などを，（ カ ）として認識し，排除するしくみを（ キ ）という。免疫には，細胞が直接異物を認識し，排除する（ ク ）性免疫と，異物と特異的に結合するタンパク質である（ ケ ）を産生し，血中に放出して応答する（ コ ）性免疫がある。

2 免疫にかかわる細胞と免疫機能の疾患に関する次の文中の空欄（ ア ）～（ チ ）にあてはまる語を答えよ。

細菌などの異物が体内に侵入すると，最初に発動するのは，（ ア ）作用にかかわる食細胞である。代表的な食細胞には，（ イ ）・（ ウ ）・（ エ ）がある。このうち（ エ ）は，取り込んだ異物の一部を（ オ ）として，他の免疫細胞に提示することを主な働きとしている。

また，（ エ ）から（ オ ）を提示されたヘルパー（ カ ）細胞は，同じ（ オ ）を認識する（ キ ）細胞やキラー（ カ ）細胞を刺激し，両細胞を活性化する。

活性化した（ キ ）細胞は，増殖して（ ク ）産生細胞となり，（ ク ）を血しょう中に分泌する。（ ケ ）性免疫の中心は，これらの細胞である。キラー（ カ ）細胞は，異常増殖をする（ コ ）や（ サ ）に感染した細胞などを直接攻撃して排除する（ シ ）性免疫の中心となる。どちらの細胞も，その一部が（ ス ）細胞として保存され，二度目の侵入の際には，速やかに増殖して，感染を抑える。このような反応を（ セ ）という。

ヘルパー（ カ ）細胞は，さまざまな免疫に関与する細胞である。HIVとよばれる（ ソ ）ウイルスは，このヘルパー（ カ ）細胞を破壊するため，感染した体の免疫機能が損なわれ，健康な体であれば感染しないような病原体にも感染しやすくなる。このような感染を（ タ ）といい，HIVにより引き起こされる疾患を（ チ ）という。

3 下図はある免疫を模式的に示したものである。次の問いに答えよ。

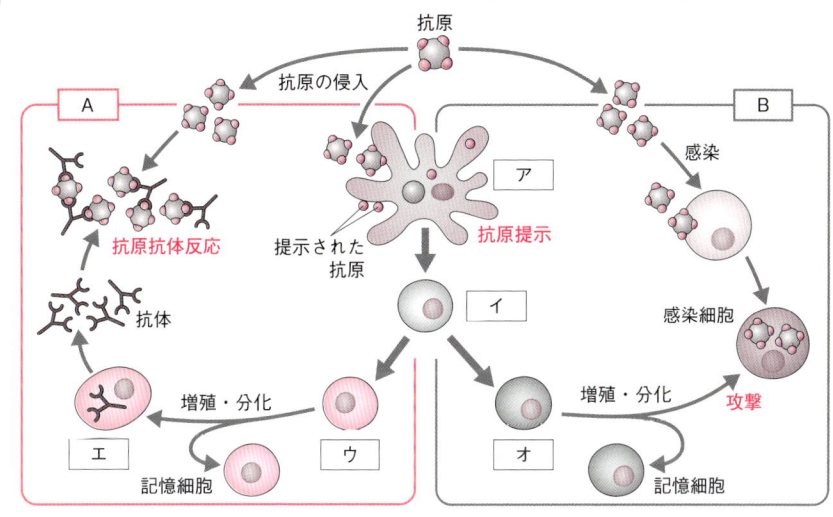

(1) AとBは，それぞれ何免疫の模式図か。
(2) 図中の ア ～ オ の細胞の名称を答えよ。
(3) 二度目以降の病原体の侵入の際に，増殖して対応するのはどのような細胞か。簡潔に記せ。

4 体液性免疫に関する次のような実験を行った。次の問いに答えよ。

〔実験〕 あるマウスに，物質(抗原A)を，期間をおいて2度注射した。抗原Aの2回目の注射の際に，別の物質(抗原B)も同時に注射した。それぞれの抗原に対する抗体の産生量を調べたところ，下図のような結果が得られた。

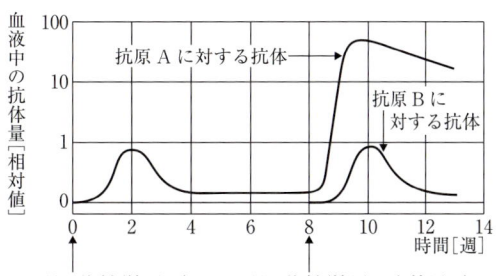

(1) 抗原Aと抗原Bについて，正しい記述を次の中から1つ選べ。
① 今回の実験で初めて，実験で用いたマウスの体内に入った。
② 今回の実験以前にも，実験で用いたマウスの体内に入ったことがある。
③ 実験で用いたマウスが，生まれたときから体内に含んでいる。
④ 実験で用いたマウスが，繁殖年齢になるまでに体内に入り，それ以降，ずっと体内に含まれている。
(2) 抗原Aの2回目の注射で，抗体量が著しく増加した理由を説明せよ。

センター試験対策問題

解答・解説は p.199

1 腎臓の働きに関する次の文章A・Bを読み，次の問い(問1～4)に答えよ。

A．腎臓では，右のような過程を経て尿がつくられる。

血液 ──過程Ⅰ──→ 原尿 ──過程Ⅱ──→ 尿

問1　過程Ⅰに関する記述として，最も適当なものはどれか。次の①～⑤のうちから一つ選べ。
① 血球以外の成分は，エネルギーを消費することによって，糸球体からボーマンのうへ移動する。
② 血球や大きな分子のタンパク質以外の成分は，酵素の働きによって，糸球体からボーマンのうへ移動する。
③ 血球以外の成分は，ホルモンの働きによって，糸球体からボーマンのうへ移動する。
④ 血球や大きな分子のタンパク質以外の成分は，血圧によってろ過され，糸球体からボーマンのうへ移動する。
⑤ 血球以外の成分は，血液中の濃度の方が原尿中の濃度より高いため，糸球体からボーマンのうへ移動する。

問2　過程Ⅱにおいて，ある物質の再吸収量は，血液中のその物質の濃度と関係する。血液中の血糖濃度がある値になると，原尿中のグルコースは尿に排出されはじめ，再吸収量は，増加したあと一定の値となる。この場合，血糖濃度とグルコースの移動量(a：原尿への移動量，b：原尿からの再吸収量，c：尿への排出量)との関係を表すグラフはどのようになるか。次の①～④のうちから一つ選べ。

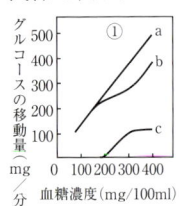

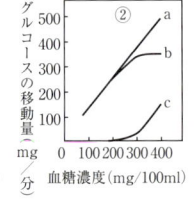

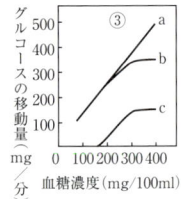

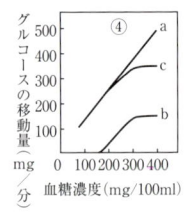

（センター試験　本試験）

B．体液の水分量の維持は，脳下垂体後葉から分泌されるバソプレシン(抗利尿ホルモン)によって，細尿管での再吸収量が調節されることと，飲水の量とのバランスの上で成り立っている。

いま，シロネズミの脳下垂体後葉を除去し，その後の飲水量と尿量の変化を測定し，後葉を除去しなかった対照群と比較したところ，右のような結果が得られた。また，後葉除去2週後に脳下垂体を観察すると，神経分泌細胞の軸索が集まって後葉を再生していた。

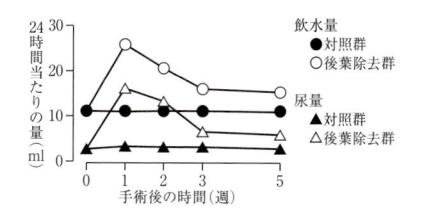

問3　この実験の結果から，どのような結論が導かれるか。次の①～⑥のうちから正しいものを二つ選べ。ただし，解答の順序は問わない。
① 後葉除去後の飲水量と尿量の変化には逆の関係がある。
② 後葉除去後の飲水量と尿量の変化には平行的な関係がある。
③ 後葉除去しても飲水量と尿量の変化には何の影響もない。
④ 再生後葉にはバソプレシン分泌能力がない。
⑤ 再生後葉はバソプレシン分泌能力がある。
⑥ 後葉の再生と飲水量・尿量の間には何の関係もない。

(センター試験　追試験)

2　皮膚移植と免疫に関する次の文章(実験1～4を含む)を読み，下の問い(問1～3)に答えよ。

遺伝的に異なる3系統A・B・Cのマウス(ハツカネズミ)をそれぞれ数個体ずつ(各個体を1, 2など，数字で表す)と，AとBを交配して得られた$(A×B)$ F_1（子）を用意し，次の皮膚移植の実験1～4を行った。皮膚を移植するには，背中の一部から約1センチメートル平方の皮膚を切り取って除去し，そこへ他の個体の同じ部位から切り取った同じ大きさの皮膚を植えつける。移植した皮膚が生きていることを生着という。なお，同一系統内では，全ての個体の遺伝子組成は同じである。

実験1．A_1に移植されたA_2の皮膚は，いつまでも生着し続けた。しかし，A_2に移植されたB_1の皮膚は，いったん生着したが，移植の14日後に，かさぶた状になって脱落した。

実験2．実験1でB_1の皮膚が脱落したのち，A_2の別の部位にB_2の皮膚とC_1の皮膚を並べて移植した。C_1の皮膚は，いったん生着し，移植の14日後に脱落したが，B_2の皮膚は生着できず，移植の6日後に脱落した。

実験3．A_3にB_3の皮膚を移植し，B_3の皮膚が脱落したのち，A_3から血液と，皮膚を移植した部位に近いリンパ節を取り出し，血液からは血清(B系統に対する抗体を含む)を，リンパ節からはリンパ球を分離・調整した。一方，A_4

に B_4 の皮膚を，A_5 に B_5 の皮膚を移植し，その直後に A_4 には A_3 からの血清を，A_5 には A_3 からのリンパ球を静脈注射して与えた。その結果，B_4 の皮膚は移植の14日後に，B_5 の皮膚は移植の6日後に脱落した。

実験4．出生直後の A_6 に，$(A×B)\,F_1$ のリンパ系の器官の細胞を静脈注射して与えた。成長後の A_6 に，B_6 の皮膚と C_2 の皮膚を並べて移植した。その結果，B_6 の皮膚はいつまでも生着し続けたが，C_2 の皮膚は移植の14日後に脱落した。

問1　実験1～3の結果が得られたのは，どのようなしくみによるか。次の①～⑩のうちから，適当な語句を三つ選べ。ただし，解答の順序は問わない。
① 抗原に特異的な免疫の記憶　② 抗原に非特異的な免疫の記憶
③ 血液型の違いによる作用　④ 免疫に対する抑制作用
⑤ 体液性免疫　⑥ 細胞性免疫　⑦ 自己と非自己の混同
⑧ 自己と非自己の識別　⑨ 血清成分の副作用
⑩ 皮膚を並べて移植したことにともなう作用

問2　実験4の結果が得られた理由として，最も適当なものはどれか。次の①～⑤のうちから一つ選べ。
① $(A×B)\,F_1$ の細胞が，A_6 の未熟な免疫系を，B系統の特異性に関係なく無差別に攻撃した。
② A_6 の未熟な免疫系で，B系統に対する反応性が失われてしまった。
③ A_6 の未熟な免疫系で，$(A×B)\,F_1$ の細胞の特徴を認識できなかった。
④ C_2 の皮膚から放出された物質が，B_6 の皮膚の生着を助けるための養分として役立った。
⑤ A_6 の出生直後に，静脈注射のような強いストレスを与えた。

問3　免疫に関与しているリンパ系の器官を，次の①～⑥のうちから二つ選べ。ただし解答の順序は問わない。
① ひ臓　② すい臓　③ 肝臓
④ 甲状腺　⑤ だ腺　⑥ 胸腺

（センター試験　追試験　改題）

第4部

生物の多様性と生態系

この部で学ぶこと

1 環境と植生
2 光の強さと光合成
3 森林の階層構造
4 遷移のしくみ
5 気候とバイオーム
6 生態系のなりたち
7 物質の循環
8 エネルギーの流れ
9 生態系のバランスと保全
10 生物の多様性

BASIC BIOLOGY

第1章
植生の多様性と分布

この章で学習するポイント

- さまざまな植生
- 環境と植生
- 光の強さと光合成
- 森林の階層構造
- 遷移のしくみ

- 気候とバイオーム
- 世界のバイオームとその分布
- 日本のバイオームとその分布

1 さまざまな植生

1 環境と植生

　生物の活動に影響を及ぼす要因を**環境**という。環境には，光や温度，大気，水，土などの**非生物的環境**と，同じ生物種の個体間の競争，異なる種との「食う−食われる」の関係などの**生物的環境**がある。

　地球のさまざまな環境には，その環境に適した植物が生育している。ある場所に生育している植物の集団を**植生**とよぶ。植生

▲原生林(青森県)

には，そこに生息する動物や植物，細菌の活動が影響を与える。また，土壌，光や温度，人間の活動も影響を及ぼしている。植生はその性質によって，**草原**，**雑木林**，**原生林**や**耕作地**，**牧草地**などにグループ分けされる。

(補足) 種々の木が入り混じって生えている林を雑木林という。火災や伐採などの影響を受けたことがなく，自然のままの状態を維持している森林を原生林という。

2 生活形

　生物は，生存や繁殖に都合がよいように，体の形態や生理的な働きなどの**生活様式**を発達させている。生活様式を反映した生物の形態を**生活形**という。植物の生活形は，光合成を行う葉と，葉を支える茎，土壌の無機物を吸収する根の形態などによって特徴づけられる。

　例えば，乾燥した地域に分布する植物の中には，地下水を吸収できるように根が長く伸びているものや，吸収した水分を逃がさないために葉や茎が分厚いものがある。また，寒冷で雪の多い地域の樹木は背丈が低い。外気よりもむしろ雪の中の方が温かく，雪の中で寒さを避けるようにできているためである。このように，ある環境のもとでの生存や生殖に適するよう生活様式を発達させることを**適応**という。

植物にはさまざまな生活様式がある。種子が発芽して1年以内に開花して実をつけ、種子をつくると個体は枯死するような植物を**一年生植物**という。一年生植物には、アサガオや、トウモロコシ、ヒマワリなどがある。2年以上個体が生存する植物を**多年生植物**という。多年生植物は、地下部などに栄養分を貯蔵している。

> **POINT**
> - **植生**→ある場所に生育している植物の集団。
> - **生活形**→生活様式を反映した生物の形態。
> - **適応**→生存や生殖に適する生活様式を発達させること。

参考 ラウンケルの生活形

多くの植物は、環境が厳しい期間に成長を止め、**休眠芽**＊をつける。デンマークの植物生態学者ラウンケルは、生活形を休眠芽の高さ、種子の形成様式によって**地上植物**、**地表植物**、**半地中植物**、**地中植物**、**一年生植物**の5つに分類した。これを**ラウンケルの生活形**という。

温暖で湿潤な地域では、冬季に成長を停止し、地上から高い位置に休眠芽をつける地上植物が多い。寒冷で乾燥した土地に分布する植物は、比較的暖かく湿度もある地表や半地中に休眠芽をつける(地表植物、半地中植物)。寒さの厳しい地域では、凍結を避けるように地中に球根や地下茎をつける(地中植物)。草原や砂漠に生える一年生植物は、冬季や乾季に種子をつけ、種子の形で寒さや乾燥に耐える。

＊ある一定期間、発育しないでいる芽。

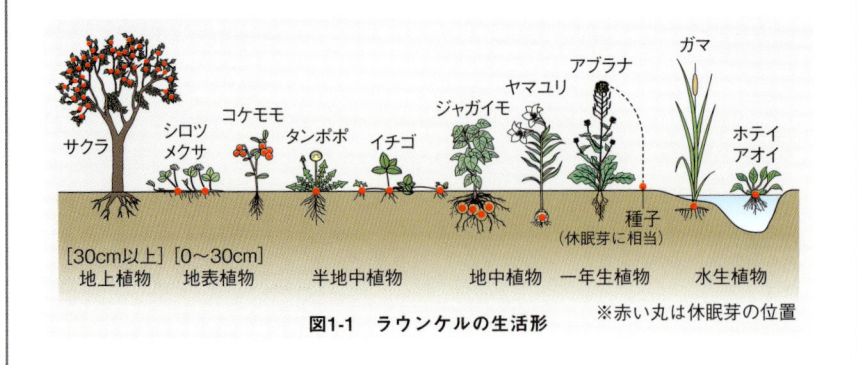

図1-1 ラウンケルの生活形 ※赤い丸は休眠芽の位置

3 相観

　植生はさまざまな植物によって構成されている。植生の中で個体数が多く，占める割合が最も多い植物の種を**優占種**という。

　外側から見てわかる植生の様相を**相観**といい，優占種の生活形によって特徴づけられる。相観によって**サバンナ**，照葉樹林，**針葉樹林**などのグループに分けることができる。

4 光の強さと光合成

　光は光合成のエネルギーとして利用されるが，強い光は害を及ぼす。**生物の種類によって光の強さに対する耐性は異なり，光合成に利用する光の最適な強さも異なる。**強い光の下で速く成長する植物を**陽生植物**といい，陽生植物の樹木を**陽樹**という。一方，強い光の下では生存できないが，弱い光の下でゆっくり成長する植物を**陰生植物**といい，陰生植物の樹木を**陰樹**という。

　植物は，光がある条件では光合成を行うが，呼吸もしている。光合成により二酸化炭素を吸収する一方で，呼吸により二酸化炭素が放出される。暗黒下では呼吸のみ行われるが，光がある一定の強さになると，二酸化炭素の放出と吸収の量が等しくなる。このときの光の強さを**光補償点**という。

　光補償点より光が強くなると，光合成量が呼吸量より大きくなり，全体では二酸化炭素が吸収されているだけのように見える。このときの二酸化炭素の吸収速度を**見かけの光合成速度**という。見かけの光合成速度に呼吸速度を加えた値が，実際の**光合成速度**である。

　さらに光が強くなると，光合成速度は増加する。しかし，ある一定の光の強さで最大となり，それ以上光合成速度は増加しなくなる。このときの光の強さを**光飽和点**という。植物の種類によって光合成速度の最大値は異なる。陽生植物の光合成速度の最大値は陰生植物より大きいため，強い光のもとでは成長速度が大きい。

> 補足　植物の成長は見かけの光合成速度に比例する。陽生植物は強い光の下で光合成を活発に行うが，呼吸も活発に行う。そのため，強い光の下では成長が速いが，弱い光の下では成長できない。弱い光の下では，呼吸量が光合成量を上回るからである。一方，陰生植物は，強い光を十分に活用するような光合成は行えないため，成長速度が小さいが，呼吸速度も小さい。弱い光であっても二酸化炭素の放出と吸収を差し引くと，吸収が上回るため成長することができる。

図1-2　光の強さと光合成速度

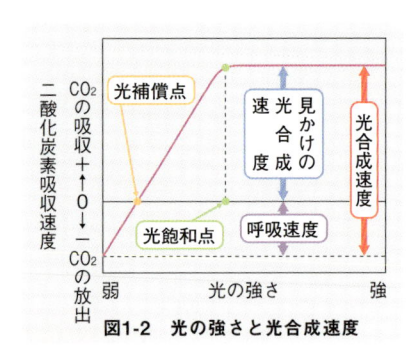

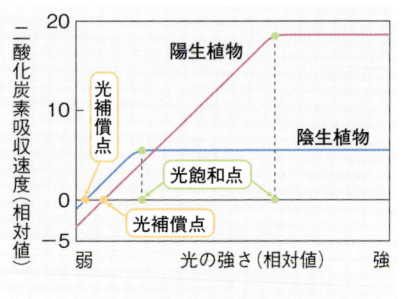

図1-3　陽生植物と陰生植物の光合成

> **POINT**
> - **光補償点**→二酸化炭素の放出と呼吸の量が等しくなる光の強さ。
> - **光合成速度**→見かけの光合成速度に呼吸速度を加えた値。
> - **光飽和点**→光を強くしても，それ以上光合成速度が増加しなくなる光の強さ。

5 森林の階層構造

　植生の中では，さまざまな植物が空間を立体的に利用して生きている。森林には，背の高い樹木もあれば，地表を覆う下草や，その中間を埋めるように生えている木もある。

　森林の最上部で，多数の樹木の葉が茂って森を覆っている部分を**林冠**，地表に近い部分を**林床**という。林冠には太陽光が降り注ぐが，林床に近づくにつれ，葉などによって光はさえぎられるようになる。そのため，林床にはわずかな光しか届かず，陰生植物は育つが陽生植物はほとんど育たない。

　発達した森林を構成している植物は，高さによって**高木層，亜高木層，低木層，草本層**などに分けられる。このような**階層構造**は，日本では中南部にある人の手が入っていない森林でみられる。照葉樹林では，高木層を形成するのは**アカガシ**や**スダジイ**，亜高木層は**ヤブツバキ**や**スダジイ**の幼木，低木層は**イヌビワ**である。光が届きにくい林床には草本からなる草本層，**コケ**で構成される**コケ層**がみられる。

▲イヌビワ

図1-4　森林の階層構造の例

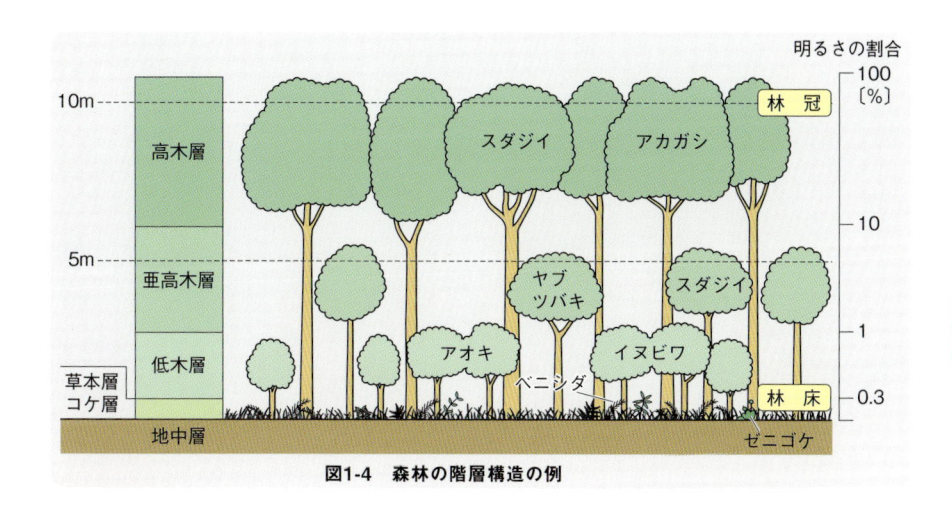

> **POINT**
> - 森林では植物の高さによって層をなす**階層構造**がみられる。
> - 森林の林冠と林床では，生育に適した樹木は異なる。

6 土壌

　岩や石は，温度の変化，水や空気の作用により風化して砂になる。**土壌**は風化によりつくられた砂や，砂より粒の小さい粘土，落ち葉や生物の死骸，動物や微生物によって分解された有機物などからなり，**構成成分によって層を形成している**。

　地表面には落ち葉などが積もっており，これを**落葉層**という。その下には，動物や微生物によって落ち葉や枯枝が分解されてできた**腐植層**がある。腐植層の下には，風化してできた細かい砂や石と腐植物が混じり合った粒状の構造ができる。これを**団粒構造**といい，ミミズや微生物などの働きによってつくられる。団粒構造のある層は隙間が多い。そのため，通気性がよく保水力があり，植物の根が発達する。さらにその下は，風化が進んでいない大きな石や岩からなる**母材**とよばれる層がある。

第1章　植生の多様性と分布

図1-5 土壌の構造

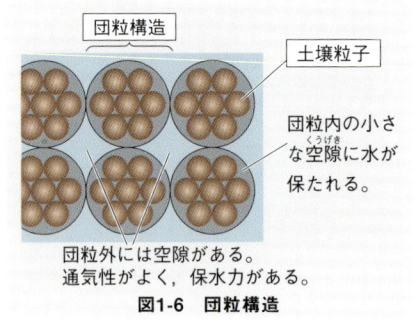

図1-6 団粒構造

> **POINT**
> 土壌は異なる構成成分からなる層を形成している。

2 遷移

1 遷移とそのしくみ

　宅地造成などのために更地になった土地は，初めは土や砂ばかりで何も生えていない。しかし，そのまま空き地になっていると，次第に背の低い草が生えて草むらになり，やがて背の低い木が生えて藪になる。さらに年月が経つと，背の高い木が生い茂り，森がつくられる。この間，生えている植物の種類や数は徐々に変化していく。**植生を構成する植物の種類や，相観が変わっていくことを遷移**という。自然界でも，火山活動などで植物が生えていない地面ができると遷移が始まる。

　植物は環境に働きかけ，植生内の土壌や光などの環境を変えていく。この作用を**環境形成作用**（→p.169）という。植物が環境を変化させ，変化した環境に適した別の植物が進入すると，先に生えていた植物にとっては環境が悪くなる。その結果，植生が変化し，これが繰り返されることで遷移が進む。

A 一次遷移

　溶岩で覆われた地面や大規模な地滑りによって生じた裸地，海に新たに出現した島，新しくできた湖沼のように土壌や種子がない場所で始まる遷移を**一次遷移**という。溶岩で覆われた地面は土壌がなく，植物が育たないように見える。しかし，そのような過酷な環境にも，**地衣類**や乾燥に強い**コケ植物**が生育する。特別な植物がまばらに生えるだけで，植物が地面を覆う割合が非常に小さい地域を**荒原**という。

> 補足　地衣類は，菌類と藻類が共生した生物である。森林の樹木の枝から垂れ下がる**サルオガセ**や，樹皮に張り付いている**ウメノキゴケ**などがある。**ハナゴケ**は裸地で生育する。

▲ウメノキゴケ

第1章　植生の多様性と分布　155

土壌の形成が進み，土中の有機物や水分が増えると，**ヨモギ**や**ススキ**などの多年生草本類が進入し草原となる。裸地*に最初に進入する植物を**先駆植物**（パイオニア植物）という。次に，草原に**ハコネウツギ**や**ヤシャブシ**などの低木が進入する。枯葉が積もり，保水力が増して根を大きく張ることができる土壌が整えられると，高木となる樹木が進入する。初めは，強い光の下で，成長が速い**アカマツ**などの**陽樹**が森を占める。＊植物が全く生えていない地面。

　森が成長し，葉が生い茂ると，地面に太陽光がほとんど届かなくなる。暗くなった林床では，陽樹の幼木は育たなくなる。一方で，**シラカシ**や**スダジイ**など，成長は遅いが光の量が少なくても生育できる**陰樹**は育つ。陰樹の幼木は成長し世代交代するが，老化した陽樹は駆逐され，最終的には陰樹を中心とする安定した陰樹林が形成される。安定した植生が維持される状態を**極相**（**クライマックス**）とよぶ。一次遷移により荒原から極相に至るには千年以上かかるといわれている。極相にあっても，環境が大きく変化すると植生が変化し，遷移が起こる。

> **POINT**
> - **環境形成作用**→生物の活動が環境に影響を与える働き。
> - **遷移**→植生が時間とともにしだいに変化していくこと。
> - **極相**→遷移が進みそれ以上植生が変化しなくなった状態。

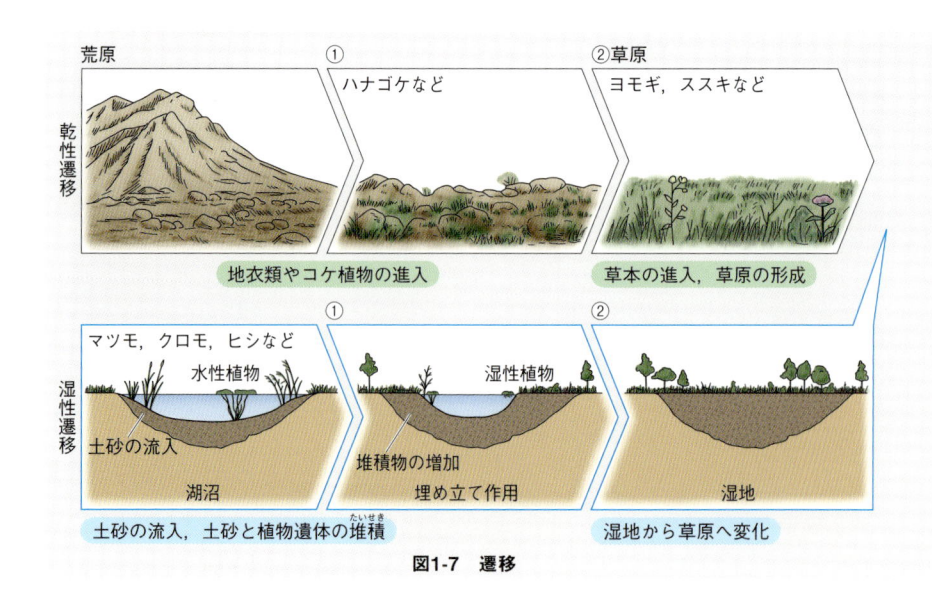

乾性遷移：荒原 → ① ハナゴケなど（地衣類やコケ植物の進入）→ ② 草原 ヨモギ，ススキなど（草本の進入，草原の形成）

湿性遷移：湖沼（マツモ，クロモ，ヒシなど 水性植物 土砂の流入，土砂と植物遺体の堆積）→ ① 湿性植物（堆積物の増加 埋め立て作用）→ ② 湿地（湿地から草原へ変化）

図1-7　遷移

補足 草むらの中は空気の動きが遅いため、草原では風で運ばれた土埃（つちぼこり）や砂が堆積して植物の死骸と混ざり合った土壌が形成される。有機物を含んだ土壌は樹木の生育に適した環境となり、飛来した樹木の種子や動物によって運ばれた種子が発芽し、成長する。樹木は最初から荒原に生育できるわけではなく、さまざまな植物や動物の活動の積み重ねによってつくられた環境を必要とする。

❺乾性遷移と湿性遷移

陸上で始まる遷移を**乾性遷移**といい、湖沼から始まる遷移を**湿性遷移**という。湖や沼は、長い年月がたつと水草の死骸や飛来する枯葉や土や砂などが積もり、浅くなる。浅くなった湖沼には**マツモ**や**クロモ**などの**水生植物**が生え、**ヒシ**などの**浮水植物**が水面を覆う。さらに堆積が続くと湿地を経て草原となり、乾性遷移と同じ過程を経て極相に達する。

▲ヒシ

❻二次遷移

森林火災や伐採など、植生の大部分が失われた場合、その後に起こる遷移を**二次遷移**という。二次遷移では、植物の生長に必要な土壌があるので植物は進入しやすい。また、地中には発芽能力をもつ種子や地下茎が残っているため、植生（何種類かの植物の集まり）の再生は早く、遷移も速い。

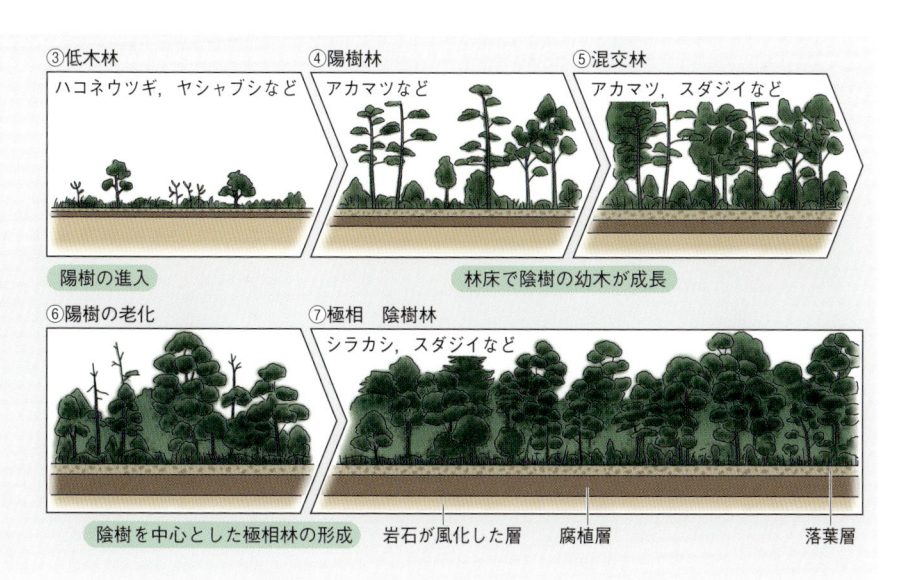

③低木林　ハコネウツギ、ヤシャブシなど
④陽樹林　アカマツなど
⑤混交林　アカマツ、スダジイなど

陽樹の進入　　　　林床で陰樹の幼木が成長

⑥陽樹の老化
⑦極相　陰樹林　シラカシ、スダジイなど

陰樹を中心とした極相林の形成　　岩石が風化した層　　腐植層　　落葉層

第1章　植生の多様性と分布

2 ギャップ更新

　極相の森林の林床は暗いが，枯死などにより高木が倒れると林冠に穴が開き，林床に明るい光が届くようになる。この明るい空き地を**ギャップ**という。**大きなギャップができると林床に強い光が届くため，陽樹の幼木も成長することができる**。陰樹で構成される極相林に陽樹が混じるのは，ギャップによる二次遷移のためである。遷移が進むと，陽樹はやがて陰樹に置き換えられる。このようなギャップを中心とする極相の更新を**ギャップ更新**という。

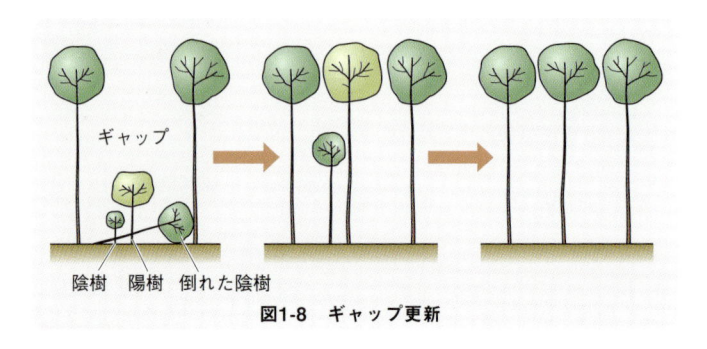

図1-8　ギャップ更新

> **POINT**
> ギャップには強い光が届くため，極相の林床でも陽樹の幼木が育つ。

3 気候とバイオーム

1 陸上植物の植生と気候の関係

　地球は地域によって環境が大きく異なり、その地域に適した植物が生育している。そのため、地域によって相観が異なる。相観には、主に年平均気温と年降水量の違いが反映される。

　ある地域に生育する植物の集団を植生といい、その**植生と、そこで生育する動物や微生物などすべての生物の集まりをバイオーム**とよぶ。一般的に、陸上のバイオームは、砂漠や照葉樹林など、植生の名称でよばれる。

2 世界のバイオーム

Ⓐ 気温によるバイオームの違い

　年降水量が多く、年平均気温が−5℃以上の地域では森林が形成される。年間を通して高温多雨の熱帯地域には**熱帯多雨林**が発達する。熱帯多雨林の大部分は、**常緑広葉樹**が占めており、大きな樹木が林冠を覆い、林床は暗く下草は生えにくい。樹木を支えにして成長するつる植物や、樹木に張り付いて生育する**着生植物**も多く、これらの植物も林冠を構成する。

▲熱帯多雨林(オーストラリア)

> 補足　着生植物は樹木に張り付き、根を樹皮の上に張りめぐらして成長している。樹木から栄養を吸収しているわけではないので、寄生植物ではない。樹皮の上に張りめぐらす根では十分な支えとはならないため、大きく成長することはできない。しかし、巨大な樹木の林冠に近いところにも着生することができ、太陽光を十分に吸収することができる。

> **コラム　熱帯多雨林の土壌**
>
> 　熱帯多雨林はジャングルともよばれる。樹木が生い茂っているため、土壌は豊かだと考えるかもしれない。しかし、実際は高温多湿のため落ち葉は微生物によって急速に分解され、腐植層がほとんどない。多雨のせいで養分は洗い流されてしまい、土壌はやせている。

亜熱帯とは，熱帯に比べて気温が低くなる時期がある地域をいう。亜熱帯の中で，降水量が多い地域に形成される森林を**亜熱帯多雨林**とよび，常緑広葉樹が大部分を占める。

熱帯・亜熱帯の河口の塩分を含んだ湿地には，塩に対して抵抗性のある樹木が**マングローブ**とよばれる林を形成している。

> **コラム　タコ足のような根**
>
> マングローブの植物の多くは，タコの足のように根を地上部に出している。熱帯・亜熱帯の河口付近の湿地・干潟の泥の中は，酸素が少なく根が酸欠になりやすい。地上部に出ている根は酸素を吸収する働きがあり，呼吸根とよばれる。複雑に張りめぐらされた根は潮が満ちてくると海水に浸り，海の生物にとって生息場所となる。そのため，マングローブのバイオームでは動物種が多い。
>
> ▲マングローブ

照葉樹林や**夏緑樹林**は，冬季に気温が低くなる温帯地方にみられる。照葉樹林は夏に降水量が多い暖温帯に分布し，葉が厚く光沢のある照葉樹が大部分を占める。夏緑樹林は冷温帯に分布し，冬に落葉する**落葉広葉樹**が大部分を占める。冬に雨が多く，夏は日差しが強く乾燥する温帯地域には，硬く小さい葉を一年中つける**硬葉樹林**がみられる。

▲照葉樹（タブノキ）

温帯地方では，落葉が微生物によって急速に分解されることはない。落葉は堆積し，腐植層が厚くなる。そのため，土壌に生息する動物は多く，寒い冬に冬眠する動物も生息している。

（補足）常緑広葉樹のうち，葉の表面に光沢があるものを特に照葉樹とよぶ。照葉樹にはタブノキやスダジイ，アカガシがある。夏緑樹林は，夏には緑の葉をつけるが冬に落葉する落葉広葉樹の森，という意味が込められている。落葉広葉樹にはブナやミズナラがある。硬葉樹林では，オリーブやゲッケイジュ，コルクガシのような乾燥に強い樹木が優占している。

冬の厳しい寒さが長く続く亜寒帯地方には，**針葉樹林**が分布している。モミやトウヒなどの常緑針葉樹が多いが，落葉針葉樹のカラマツがみられる場所もある。年平均気温が−5℃以下の寒帯では，樹木が生育しないため，森林は形成されない。

▲針葉樹（モミ）

寒帯には**ツンドラ**とよばれるバイオームが分布する。ツンドラの地中には，一年中溶けることのない永久凍土がある。低温のため，微生物による有機物の分解は遅い。土壌の栄養塩類が少なく，地衣類やコケ植物以外の植物はほとんど生育していない。

▲紅葉の時期のツンドラ（カナダ）

(補足) ツンドラとは，ロシア語で「木のない平原」を意味する。

年降水量が1000 mmより少ない地域では，森林が形成されず，草原になる。草原のうち，熱帯で乾季が長い地域は**サバンナ**とよばれる。サバンナはイネの仲間の草本を主とした草原であり，乾燥に耐える樹木も散在する。アフリカのサバンナにはシマウマやライオンが生息する。温帯の草原はステップとよばれる。**ステップ**もイネの仲間の草本を主とした草原である。サバンナとは異なり，樹木はほとんどない。北アメリカのステップには，バイソンやコヨーテが生息している。

▲サバンナ（ケニア）

▲ステップ（モンゴル）

年降水量が200 mm以下の地域は，**砂漠**が形成される。砂漠には，乾燥に耐える多肉植物のサボテンや，深い根をもつ草本，一年生植物など，わずかな植物しか生育していない。熱帯の砂漠には，乾季に休眠するなど，乾燥と飢えに耐えるしくみを獲得した動物や，地表の熱を避けるため，夜行性の動物が多い。

▲砂漠（モロッコ）

第1章 植生の多様性と分布

図1-9 バイオームと気候の関係

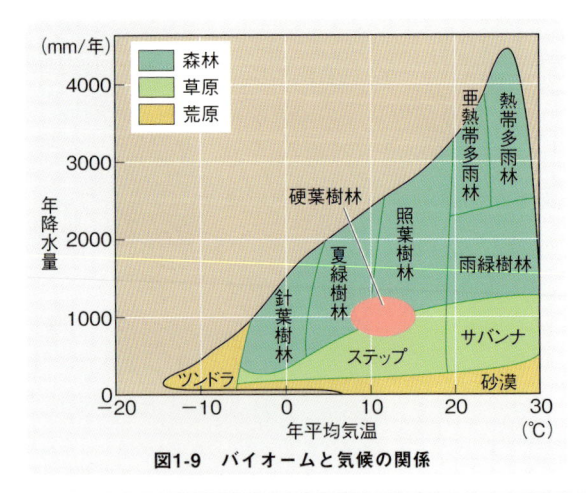

図1-10 バイオームの分布域

> **POINT**
> - ある植生に生息するすべての生物の集まりを**バイオーム**という。
> - バイオームは**年平均気温**と**年降水量**によって特徴づけられる。

❸日本のバイオーム

日本は国土の全域にわたって降水量が多く，降水量によるバイオームの差はほとんどない。日本列島は南北に細長く伸びており，緯度によって気温が異なる。また，山岳地域も多くあり，標高によっても気温は異なる。そのため，**日本のバイオームの違いは気温が主な要因となる**。緯度の違いによるバイオームの分布を**水平分布**といい，標高の違いによって生じるバイオームの分布を**垂直分布**という。

低地のバイオームの水平分布を見ると，沖縄から九州南端には亜熱帯多雨林が分布し，九州，四国，本州南部は照葉樹林が分布する。本州の東北部から北海道南西部は夏緑樹林，北海道東北部は亜寒帯性の針葉樹林が分布する。

気温は，高度が100m増すごとに，0.5℃〜0.6℃低下する。そのため，山岳地帯ではバイオームの垂直分布がみられる。

本州中部の垂直分布を見ると，標高約800mまでの照葉樹林が分布する地帯を**丘陵帯**といい，800m〜1600mの夏緑樹林が分布する地帯を**山地帯**，1600m〜2500mの針葉樹林が分布する地域を**亜高山帯**という。亜高山帯の上限より標高が高くなると，樹高の高い森林は形成されない。森林が形成される限界となる亜高山帯の上限を**森林限界**という。森林限界より標高が高い地帯を**高山帯**という。

気温が低く，風が強い高山帯には，厳しい環境に適応する**ハイマツ**や**シャクナゲ**などの低木や，**クロユリ**などの草本の高山植物が生育する。本州中部の高山帯には，キジの仲間の**ライチョウ**や，イタチの仲間の**オコジョ**が生息している。

▲クロユリ

> **POINT**
>
> 日本のバイオームは南北に長く標高差が大きい国土を反映する。

第1章　植生の多様性と分布

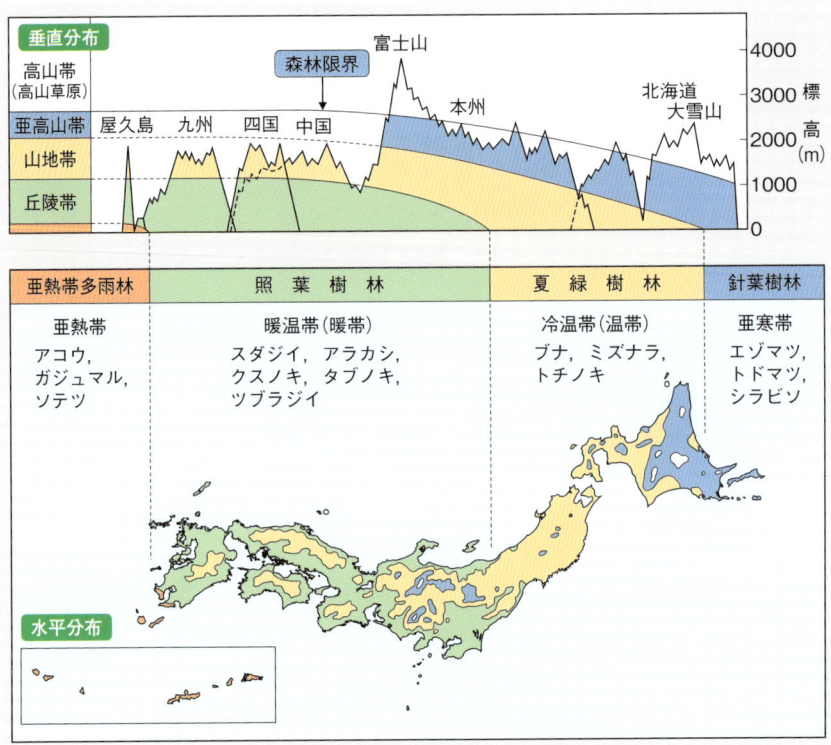

図1-11 日本のバイオームの分布

> **コラム** 植物の進入を可能にする菌類と藻類
>
> 　菌類の胞子は風にのって空中を飛ぶことができる。着地したところに湿り気があれば発芽し，養分があれば増殖する。乾燥すると菌糸や胞子の状態で耐え，霧や夜露などで水分が供給されれば再び増殖する。やがて，菌の集団が大きくなると，わずかながら水を保てるようになる。菌類は光合成ができないので，養分を消費してしまうと増殖しなくなる。しかし，光合成をする藻類と菌類が共生すると，菌類は藻類が合成した養分を利用できるようになる。コケ植物の胞子も空中を飛び，水分があれば発芽して増殖する。地衣類やコケ植物は増殖し，成長するとともに死んで土壌を形成し始める。保水力のある土壌ができれば，さまざまな植物の進入が可能になる。

この章で学んだこと

生物は地球上のさまざまな環境に適応して生きており，多様な生活形を発達させている。また，生物は環境に影響を与え，環境を変化させる場合もある。この章では，環境と生物との関係について学んだ。

1 さまざまな植生

1 環境 生物の活動に影響を及ぼす要因。光や温度などの非生物的環境と，生物どうしのかかわりである生物的環境がある。

2 植生 ある場所に生育している植物の集団のこと。植生のなかで占める割合が最も大きい植物の種を優占種という。

3 生活形 生活様式を反映した生物の形態。葉や茎，根の形態などにより特徴づけられる。

4 適応 生存や生殖に適する生活様式を発達させること。

5 相観 外側から見てわかる植生の様相。優占種の生活形により特徴づけられる。

2 光の強さと森林の階層構造

1 陽生植物 強い光の下で早く成長。

2 陰生植物 強い光の下では生存できないが，弱い光の下でゆっくり成長。

3 光補償点 二酸化炭素の放出と吸収の量が等しくなる光の強さ。

4 光合成速度 見かけの光合成速度に呼吸速度を加えた値。

5 光飽和点 光を強くしても，それ以上光合成速度が増加しなくなる光の強さ。

6 森林の階層構造 森林は，植物の高さによって層が形成されている。最上部で葉が生い茂っている部分を林冠といい，地表に近い部分を林床という。
林冠と林床では，成育に適した樹木は異なり，林床では陽樹はほとんど育たない。

3 遷移とそのしくみ

1 遷移 植生を構成する植物の種類や相観が変化していくこと。

2 環境形成作用 生物が環境に働きかけ，植生内の土壌や光環境を変えていくこと。遷移が進む要因となる。

3 一次遷移 土壌や種子がない場所で始まる遷移。

4 二次遷移 土壌が残っている状態から始まるため，植物は進入しやすい。種子や地下茎があるため，再生が早く遷移も速い。

5 先駆植物 裸地に最初に進入する植物。

6 極相 安定した植生が維持される状態。

7 ギャップ 極相林などで倒木によりできる空間のこと。

4 気候とバイオーム

1 バイオーム 植生と，そこで生育する動物や微生物などすべての生物の集まり。年平均気温と年降水量により決まる。陸上のバイオームは植生の名称でよばれる。

2 日本のバイオーム 緯度や標高の差により，形成されるバイオームが異なる。

3 水平分布 緯度の違いによるバイオームの分布。

4 垂直分布 標高の違いによるバイオームの分布。

5 森林限界 森林が形成される亜高山帯の上限。

確認テスト1

解答・解説は p.200

1 図1は光合成曲線を，図2は日本のある森林の立体的な構造を表したものである。以下の問いに答えよ。

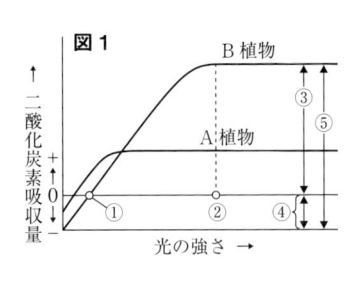

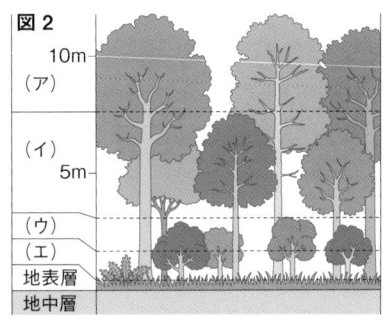

(1) 図1の①〜⑤で示される値の名称は何か。
(2) 図2のような森林の構造を何というか。
(3) 図2の(ア)〜(エ)の各層の名称を答えよ。
(4) 図2の(ア)層と(エ)層の植物を比較したとき，図1のA植物にあてはまるのはどちらか。また，A植物は陰生植物・陽生植物のどちらか。

2 右図は，暖温帯における植生の変化を示したものである。以下の問いに答えよ。

(1) このような植生の変化を何というか。
(2) 図の裸地・荒原に生育する植物①，低木林に生育する植物②の名称を下から選べ。
　(ア) 地衣類・コケ類　(イ) ブナ　(ウ) タブノキ　(エ) ヤマツツジ
(3) 図の(a)〜(c)にあてはまる言葉を答えよ。
(4) 図の(b)から(c)の植生への移行には，ある非生物的環境が大きく影響している。この非生物的環境は何か。また，この非生物的環境は植生の移行に対してどのような作用をもっているか，説明せよ。
(5) 図の(c)林のような状態を何というか。また，(c)林には陽樹がまったくないわけではない。その理由として適当なものを次から選べ。

(ア) 陽樹は陰樹よりも光合成速度が大きく，初めに進入した陽樹の一部が，その後に進入してきた陰樹との競争に打ち勝った。
(イ) 陽樹は陰樹よりも湿った環境を好み，光の弱い湿った環境では陰樹よりも生育が優るものがある。
(ウ) 陽樹には，陰樹のように光の弱い環境でも生きていけるものがある。
(エ) 林内にギャップが生じて光が差し込むようになり，陽樹が生育できるようになった。
(岩手大学・九州大学　改題)

3　次の図は，世界のバイオーム(生物群系)を示したものである。以下の問いに答えよ。
(1) 次の文は，世界のバイオームの特性を説明したものである。それぞれ図のどのバイオームに属するか。a〜jの記号で答え，その名称を答えよ。
① 東南アジアの雨季と乾季がある地域に発達している。
② 樹高の高い常緑樹林で階層構造が発達。つる植物・着生植物も多い。
③ 乾燥と冬の低温によりイネ科の草原が広がり，樹木がほとんどない。
(2) 図の空欄アには降水量とは別の気候要因が入る。この名称を答えよ。
(3) (2)の気候要因について，空欄イ，ウにあてはまる言葉を，縦軸の降水量の「多」「少」の表現にならって答えよ。
(名城大学・早稲田大学　改題)

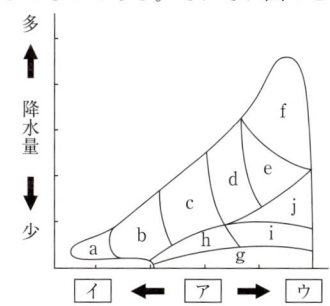

4　右図は，日本のバイオームの分布を示している。図のア〜エは，隣接するバイオームの境界線を表している。以下の問いに答えよ。
(1) 図のB〜Eにあてはまるバイオームの名称を下から選べ。
(ア) 亜熱帯多雨林　(イ) 針葉樹林　(ウ) 夏緑樹林　(エ) 照葉樹林
(2) 夏緑樹の葉の特徴を説明した文を下から1つ選べ。
(ア) 葉の表面にクチクラ層が発達し，光沢がある。
(イ) 秋に紅葉・黄葉するものが多い。
(ウ) 針のようにとがった葉が多い。
(3) 図のB〜Eのバイオームを代表する植物名を1つずつ下から選べ。
(ア) ガジュマル　(イ) ブナ　(ウ) エゾマツ　(エ) クスノキ
(4) ア〜エのうち，森林限界を示すものはどれか。
(高知大学　改題)

第2章
生態系とその保全

この章で学習するポイント

- 生態系のなりたち
  - 作用と環境形成作用
  - 食物連鎖、食物網
  - 生態ピラミッド

- 物質循環とエネルギーの流れ
  - 炭素、窒素の循環
  - エネルギーの流れ

- 生態系のバランスと保全
  - 生態系のバランスと復元力
  - 人間の活動と生態系
  - 外来生物
  - 生物多様性

1 生態系とは

　生物の集団と，それを取り巻く非生物的な環境を1つのまとまりとしてとらえるとき，このまとまりを**生態系**という。まとまりの規模はさまざまであり，小さな水槽を生態系ととらえることも，地球全体を1つの生態系ととらえることもできる。

　生態系の中では，環境が生物に影響するとともに，生物も環境に影響を与えている。生物が光や温度，大気などの非生物的環境から受ける影響を**作用**という。生物が活動することにより，非生物的環境に及ぼす影響は**環境形成作用**という。植物が根を張ると岩石の風化が進み，土壌の形成を促進する。葉を茂らせ光合成を行うと二酸化炭素濃度が低下し，酸素濃度が高くなるが林床には光が届きにくくなる。これらは環境形成作用である。

　植物や藻類は，光合成により無機物から有機物をつくり出す。生態系において，光エネルギーを用いて無機物から有機物をつくり出すことができる生物を**生産者**という。

　動物のように外界から有機物を取り入れて，有機物の化学エネルギーを用いて生命活動を営む生物を**消費者**という。多くの菌類や細菌類のように，生物の遺体や排出物を取り入れて分解し，エネルギーを得る生物を特に**分解者**という。分解者も消費者に含まれる。

　植物は，ウサギのような**草食動物**(植物食性動物)に食べられ，草食動物は**肉食動物**(動物食性動物)に食べられる。肉食動物はさらに大型の肉食動物に食べられる。このような「食う-食われる」の一連の関係を**食物連鎖**という。

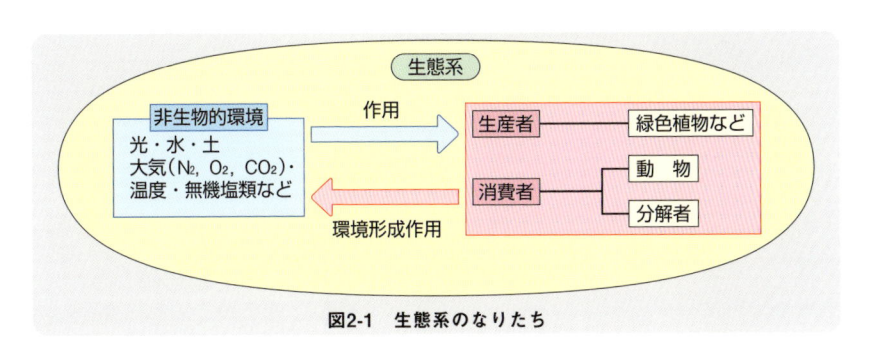

図2-1　生態系のなりたち

図2-2　食物連鎖

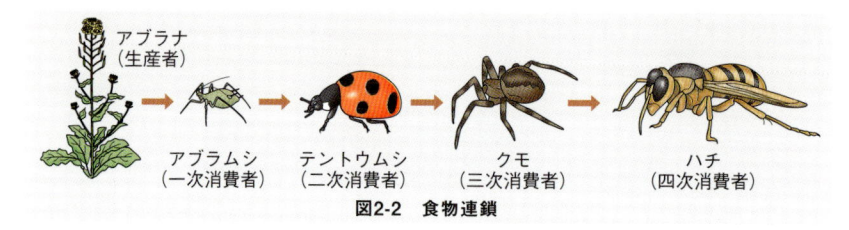

　消費者のうち、生産者を食べる動物を**一次消費者**といい、一次消費者を食べる動物を**二次消費者**、二次消費者を食べる動物を三次消費者とよぶ。

　人間がさまざまな食物を食べるように、動物が食物とする生物は一種類とは限らない。食物連鎖は一続きではなく、生産者と消費者、消費者と消費者が複雑な網の目のような関係になっている。このような網目状の「食う−食われる」の関係を**食物網**という。

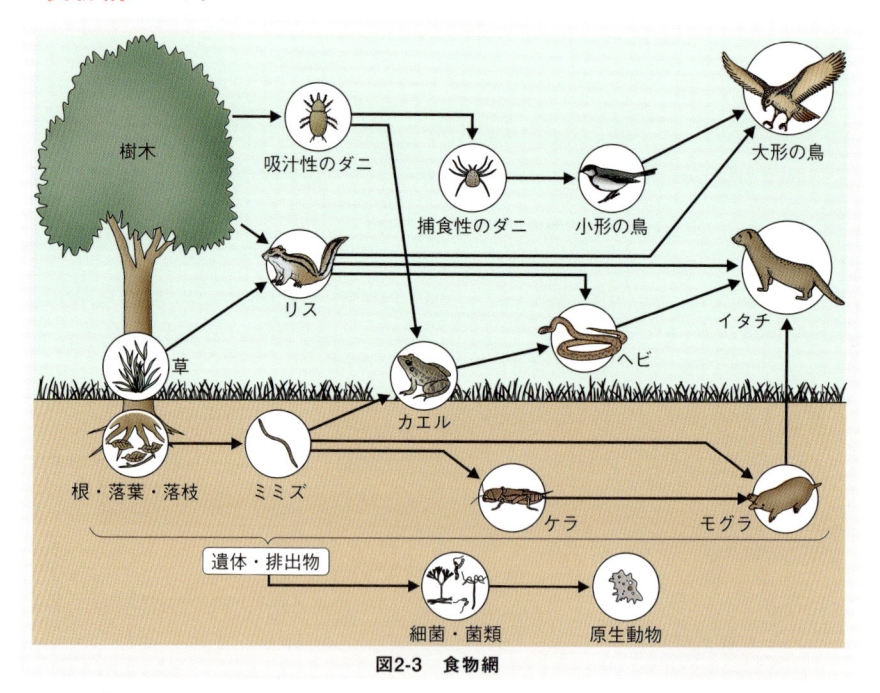

図2-3　食物網

　生態系における生物の個体数や**生物量**(ある地域の生物体の乾燥重量)は、通常、生産者が最も多く、消費者は生産者より少ない。また、消費者の中でも、一次消費者、二次消費者、三次消費者となるにつれ個体数や生物量が少なくなる。生産者を底辺にして積み重ねると、ピラミッド型になるため、これを**生態ピラミッド**とよぶ。

170　第4部　生物の多様性と生態系

個体数ピラミッド(%)		生物量ピラミッド(%)	
三次消費者	2.1×10^{-8}	三次消費者	0.56
二次消費者	1.4×10^{-7}	二次消費者	3.7
一次消費者	2.1×10^{-5}	一次消費者	7.1
生産者	100	生産者	100

生産者を100とした場合における消費者の割合を示した。

図2-4　生態ピラミッド

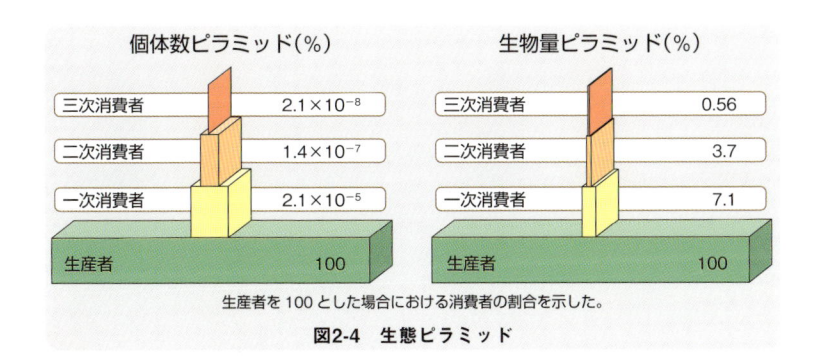

POINT

- 非生物的環境と生物は互いに，それぞれ**作用**と**環境形成作用**を及ぼす。
- 光合成により有機物をつくり出す生物を**生産者**といい，外界から取り入れる有機物に依存している生物を**消費者**という。

参考　生態系における物質の生産と消費

　光合成により生産された有機物の総量を**総生産量**という。総生産量は生産者の光合成能力を表す。生産者も呼吸をするため，有機物を消費する。総生産量から生産者が消費した有機物を差し引いた値を**純生産量**という。純生産量は，生産者の実質の生産能力を表す。純生産量の一部は，消費者に食べられたり，枯葉となったりして失われる。純生産量から失われたものを差し引いたものが，生産者の**成長量**となる。

コラム　いろいろな生産者

　生産者の大部分は，光合成をする生物であるが，海底火山の熱水噴出孔付近に繁殖する硫黄酸化細菌のように，化学エネルギーを使って有機物を合成する生物もいる。硫黄酸化細菌は，酸素呼吸をする生物にとっては猛毒の硫化水素をエネルギー源としている。

2 物質循環とエネルギーの流れ

　地球上の生物が生きるためのエネルギーは，太陽の光によって供給される。植物は太陽の光エネルギーを利用して，エネルギーレベルの低い二酸化炭素と水や無機物から有機物をつくり出す。化学エネルギーを蓄えた有機物は，動物や微生物，植物の生命活動によって消費され，無機物となる。無機物は再び植物によって太陽の光エネルギーで有機物に変えられ，**物質は循環する。**

　生物を構成する主要な元素として，炭素，水素，酸素，窒素，リン，硫黄がある。これらの元素は再利用されながら体をめぐり，生態系の中を循環している。特に，**炭素**は有機物の骨格となる重要な元素であり，**窒素**はタンパク質を構成するアミノ酸や，遺伝情報を担う核酸に不可欠な元素である。そのため，炭素と窒素は生態系に重要な役割を果たしている。

図2-5　物質循環とエネルギーの流れ

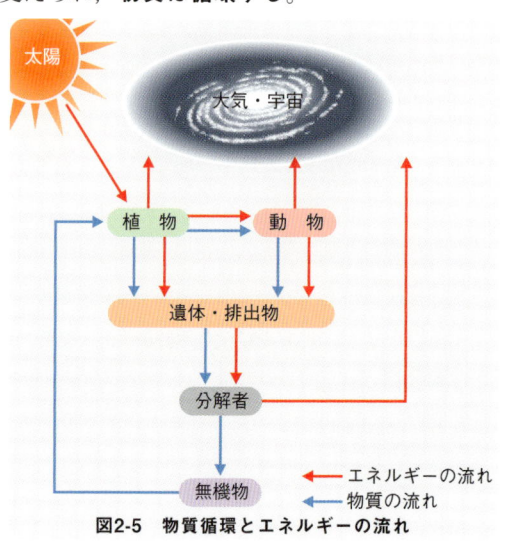

　一方，**エネルギーは循環する**ことなく，代謝の過程で熱エネルギーとなって大気・宇宙に放散する。エネルギーは，常にエネルギーレベルの高いところから低いところに流れている。動物，植物，細菌など生物は皆，太陽が宇宙に放散するエネルギーの流れを利用して生きている。

1 炭素の循環

　大気や水に含まれる二酸化炭素は，生産者に吸収され，光合成による有機物の合成に利用される。炭素は，重量にして有機物の約半分を占める。合成された有機物は，生産者自身や消費者の栄養源となり，呼吸によって二酸化炭素として体外に放出される。放出された二酸化炭素は，大気に拡散したり，水に溶け込んだりする。二酸化炭素は，再び生産者に吸収され，生態系を循環する。

図2-6　炭素の循環

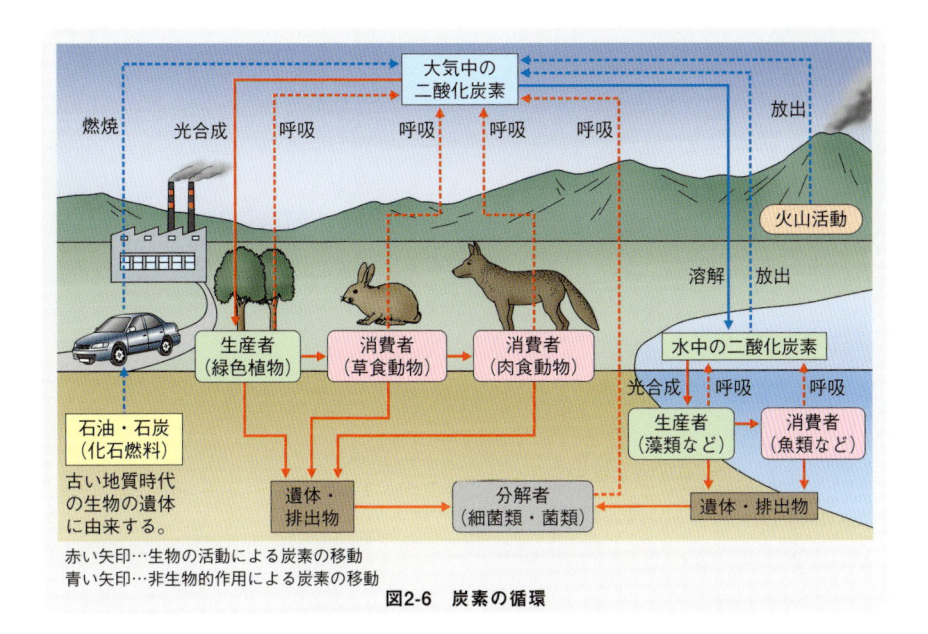

赤い矢印…生物の活動による炭素の移動
青い矢印…非生物的作用による炭素の移動

　二酸化炭素の大部分は海水に溶け込むが，海水から大気に放出されるものもあり，海水と大気中の二酸化炭素濃度は一定に保たれている。しかし，近年は，人間の活動により石油や石炭などの**化石燃料**が大量に消費されているため，二酸化炭素が大量に放出され，大気中の二酸化炭素濃度が高くなっている。二酸化炭素には**温室効果**があり，地球温暖化の原因となっている可能性がある。

> **補足**　大気や海を含む地球表面には，約420,000億トンの炭素が存在する。大部分の約93％が海に存在し，ほとんどは海に溶け込んでいる二酸化炭素である。残りは，陸地に約5％，大気に約2％である。

POINT

- 物質は生態系を循環するが，**エネルギーは循環しない。**
- **化石燃料**の消費により大気の二酸化炭素濃度が高くなり，**温室効果**がもたらされる。

2 窒素の循環

　植物は，土壌に含まれる**アンモニウムイオン**や**硝酸イオン**などの窒素を含む無機物（無機窒素化合物）を吸収し，アミノ酸やタンパク質，核酸などの窒素を含む有機物（有機窒素化合物）を合成する。無機窒素化合物から有機窒素化合物を合成することを**窒素同化**という。動物は無機窒素化合物を利用することができず，体内に取り込んだ有機窒素化合物を窒素源とする。有機窒素化合物は食物連鎖を通じて生態系を移動する。やがて生物の遺体や排出物の一部となり，細菌や菌類などの分解者によって無機窒素化合物になる。こうして，窒素は循環し，土壌に戻る。

　土壌の硝酸塩の一部は，脱窒素細菌により窒素分子（N_2）に変えられ，ガスとなって大気に放出される。これを**脱窒**という。

　窒素分子は大気の約80％を占めるが，ほとんどの生物は窒素分子を利用することができない。しかし，マメ科植物に共生する**根粒菌**やシアノバクテリアは，大気の窒素分子を窒素化合物に変えることができる。窒素分子を窒素化合物に変える働きを**窒素固定**という。

　落雷などの空中放電でも窒素が固定される。また，化学肥料として工業的に窒素が固定されている。

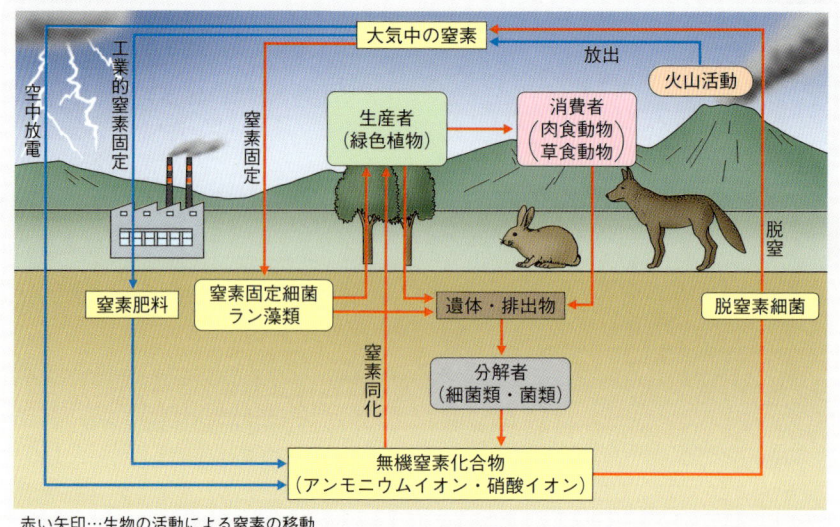

図2-7　窒素の循環

赤い矢印…生物の活動による窒素の移動
青い矢印…非生物的作用による窒素の移動

補足 窒素固定や分解者の分解作用で生じる無機窒素化合物はアンモニウムイオンである。アンモニウムイオンは，土壌中の硝化菌（亜硝酸菌と硝酸菌）の作用で硝酸イオンとなる。

> **POINT**
> - 多くの生物は大気中にある大量の窒素分子を利用できない。
> - 根粒菌は**窒素固定**により窒素分子を無機窒素化合物に変える。
> - 植物は**窒素同化**によって無機窒素化合物を有機窒素化合物に変える。

参考 窒素の量と窒素源

1 生物が使用できる窒素の量

　大気と水に含まれる窒素分子は40,000,000億トンあるが，生物は使うことができない。生物が利用できる窒素源として，遺体や排出物と，それが分解されてできた窒素化合物があり，合計すると約6,000億トンある。その窒素を利用して40億トンの生物が生きている。窒素化合物は毎年2.6億トンが脱窒により失われるが，根粒菌などによる窒素固定で2億トン，化学肥料により0.8億トン，落雷などの空中放電により0.2億トンが補充される。したがって，脱窒と窒素同化の差し引き0.4億トンの窒素化合物が補給されていることになる。

2 生物の窒素源

　農耕に窒素肥料は欠かせない。春，農閑期の水田にピンク色のゲンゲ（レンゲソウともいう）の花が広がっているのを見たことがあるだろうか。ゲンゲはマメ科植物であり，共生する根粒菌の窒素固定により窒素化合物を多く含む。化学肥料を使わない有機農法では，休耕田にゲンゲを植え，田植え前にゲンゲを肥料として田んぼにすきこんでいる。しかし，根粒菌が合成する窒素化合物は，実際はわずかである。したがって，生物が利用できる窒素源は生態系をめぐる窒素だけということもできる。そのため，地球上の生物の総量には限りがある。繁栄する生物がいれば，その分，窒素化合物が使われることになり，別の生物種が減少したり絶滅したりする。人類は，化学的に窒素を固定する方法を開発し，化学肥料として窒素化合物を地球に供給している。化学肥料も生物の総量の上限を少しずつではあるが押し上げている。

▲ゲンゲ

3 エネルギーの流れ

　生産者が合成した有機物には太陽の**光エネルギー**が**化学エネルギー**として蓄えられている。有機物の化学エネルギーは生産者自身も消費するが，食物連鎖を通じて一次消費者から肉食性のより高次の消費者に移ってゆき，それぞれの生命活動に利用される。生物の排出物や遺体の有機物も，分解者によって消費され，分解者の生命活動に用いられる。有機物の化学エネルギーは，生命活動に用いられる際に，一部は**熱エネルギー**として放出される。**有機物に蓄えられた太陽光のエネルギーは，最終的にはすべて熱エネルギーとなって宇宙に放散される。**

（補足）植物が吸収した太陽エネルギーのうち，有機物の化学エネルギーとして蓄えられるのは約1％である。一見，効率が悪いように思えるが，実際には驚異的に高いエネルギー効率である。

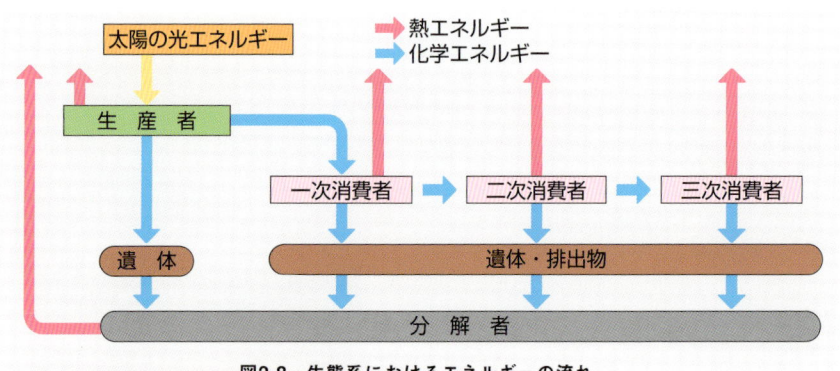

図2-8　生態系におけるエネルギーの流れ

コラム　マグロの体温

　動物の体温は，化学エネルギーを利用する際に生じる熱エネルギーに他ならない。哺乳類や鳥類のような恒温動物は，熱エネルギーを積極的に活用して体温を一定に保っている。

　変温動物の体温は環境の温度とほぼ同じであるが，マグロの体温は海水温よりもはるかに高い。マグロは，海の中を高速で泳ぐため，筋肉から熱エネルギーが大量に発生する。また，動脈と静脈が隣接する構造の熱交換システムをもっており，熱エネルギーが海水に逃げないようにしている。そのため，海水温が15度でも，マグロの体温は約27度もある。

3 生態系のバランスと保全

1 生態系のバランス

　生態系では，環境の変化や，「食う－食われる」などの種間競争によって，個体数や生物の量が常に変化している。しかし，その**変動の幅は一定の範囲内に収まっており，安定した状態が保たれている**。このような状態を**生態系のバランス**という。

　生態系を構成する生物種の中で，**個体数は少ないが，生態系のバランスそのものに大きな影響をもつ生物**がいることがある。このような生物を**キーストーン種**という。キーストーン種を人為的に取り除くと，生態系のバランスが崩れ，個体数が増加する種や激減する種が生じ，別の生態系に変化する。

(補足) 生態系の優占種は，生態系に大きな影響を与えるが，キーストーン種とはいわない。

参考　磯や海のキーストーン種

　磯にはたくさんの種類の動物が生息している。イガイとフジツボは共に磯の岩に固着して生活するため，競争状態にある。しかし，安定した生態系の中では互いに排除することはない。イガイとフジツボはヒトデに食べられるが，食べ尽くされることはなく，バランスのとれた状態にある。しかし，ヒトデを人為的に取り除くと，イガイが個体数を増やし，磯を覆い尽くす。その結果，他の多くの種が激減する。ヒトデがイガイを食べて，イガイの数を一定数に抑えているからこそ，他の多くの種が生存できるのである。この場合，ヒトデがキーストーン種となっている。

▲ムラサキイガイ　　　　▲クロフジツボ

第2章　生態系とその保全

2 生態系の復元力

　山火事で森林が消失したり，洪水で河川の動植物が流失したりするような大きな環境の変化があっても，生態系はやがてもとの状態を取り戻す。これを**生態系の復元力**という。**生態系は，多くの生物種によって構成されており，互いに複雑なかかわりをもつため環境の変化を吸収することができる**からである。

　生態系の復元力を超える変化があると，環境が連鎖反応的に変化し，生態系はもとに戻れなくなる。たとえば，熱帯多雨林を過度に伐採すると土壌が露出し，多量の降雨により土壌が流失する。すると，樹木が育たなくなり保水力が低下することになる。その結果，砂漠化が進み，動植物は絶滅する。

　熱帯多雨林は高温多湿のため，分解者の活動が活発で，土壌が薄い。うっそうとした森が大量の雨の流れを遅くし，土壌を保護しているが，地表がむき出しになると，薄い土壌は雨で流失してしまうのである。

3 人間の活動と生態系

Ⓐ 河川の富栄養化

　有機物は，分解者によってすべて無機物に変えられる。これを**自然浄化**といい，分解者の細菌は環境の浄化に重要な役割を担っている。

　河川に自然浄化の能力を超える量の有機物が流れ込むと，河口付近の水底に有機物が溜まる。分解者は有機物を分解するときに酸素を消費する。そのため，大量の有機物が溜まっていると，大量の酸素が消費され，水底は無酸素状態のヘドロになる。無酸素状態のヘドロでは硫化水素が生じ，硫化水素の働きでヘドロが黒くなる。

補足 無酸素状態のヘドロで硫酸還元菌が繁殖すると，硫化水素が発生する。硫化水素が，ヘドロに含まれる鉄と結合すると黒い硫化鉄を生じる。そのため，ヘドロは黒くなる。

　人間の活動が活発な流域には，有機物が多く流れ込んでいる。有機物が分解されると，窒素やリンなどの栄養塩類が生じる。栄養塩類は植物プランクトンの養分となるため，有機物が流入する河川や湖沼，海ではプランクトンが大量発生する。水に含まれる栄養塩類が多くなることを**富栄養化**という。富栄養化した池や湖では，シアノバクテリアが大量に発生し，水面が青緑色になる**水の華**(アオコ)が生じる。海で赤い色素をもつプランクトンが大量発生すると，海面が赤くなる**赤潮**になる。

赤潮は漁業に悪影響を与えることがある。大量のプランクトンが死ぬと，分解者が酸素を消費して海水が低酸素状態になり，魚がすめなくなる。また，魚のエラにプランクトンが詰まり呼吸ができなくなる。プランクトンの中には毒を産生するものもあり，毒によって魚介類が死ぬ。貝類が毒を取り込むと貝毒となり，ヒトがそれを食べると下痢や呼吸困難など体調を崩したり，重い症状が引き起こされたりする。

▲水の華

▲赤潮

POINT

- **生態系のバランス**→かく乱による生態系の変化が一定の範囲内に保たれること。
- **生態系の復元力**により，かく乱によって変化した生態系はもとの状態に戻る。
- 生態系の**自然浄化**により有機物はすべて無機物に変えられる。

コラム 水の華とワカサギ

1970年代に諏訪湖の富栄養化が進み，水の華が大量発生するようになった。その後，水の華の発生を抑えるため下水処理場を完備したところ，濁っていた水が浄化された。しかし，諏訪湖の名物であるワカサギも激減し，漁が成り立たなくなった。栄養塩類の流入を抑えた結果，プランクトンの生産量も減り，それを食べるワカサギが減少したと考えられている。

Ⓑ 生物濃縮

　水銀やPCB(ポリ塩化ビフェニール)のように,分解されにくく体に蓄積されやすい有毒物質がある。ある物質の濃度が周囲の環境に比べ,生物体で高くなることを**生物濃縮**という。水銀やPCBは,食物連鎖により濃縮され,栄養段階の高いイルカやカモメに高濃度に濃縮される。高濃度に蓄積された水銀やPCBは,健康に害を及ぼす。

　海水に含まれているPCBは,植物プランクトンに取り込まれ,それを食べる動物プランクトンでは500倍に濃縮され,動物プランクトンを食べる魚には280万倍,魚を食べるカモメは2500万倍に濃縮されていることが示された例がある。人間は最も栄養段階が高い生物であり,生物濃縮の影響を最も受けやすい。

参考　水質の指標

　水の中の有機物の量を,生物が無機物にまで分解するのに必要な酸素の量で表したものを**生物学的酸素要求量**(BOD)という。BODは水質の指標として用いられている。河川に有機物が含まれた汚水が流入するとBODが高まるが,下流に流れる間に分解者により自然浄化され,BODは低下する。汚水の流入地点から川下に向けて,水質は徐々に変化する。そのため,生息する動物や微生物の種類,個体数は川の場所によって異なる。

　有機物を含む汚水が流入した地点では,分解者の細菌類が繁殖し,呼吸により酸素濃度が低下する。次に,細菌類を食べる原生動物が増え,原生動物を食べるイトミミズが増える。この間に有機物が分解され栄養塩類濃度が高くなり,栄養塩類を吸収して光合成を行う藻類が増える。細菌類が減り酸素濃度が高くなると,藻類を食べる魚や水生昆虫が生息できるようになる。

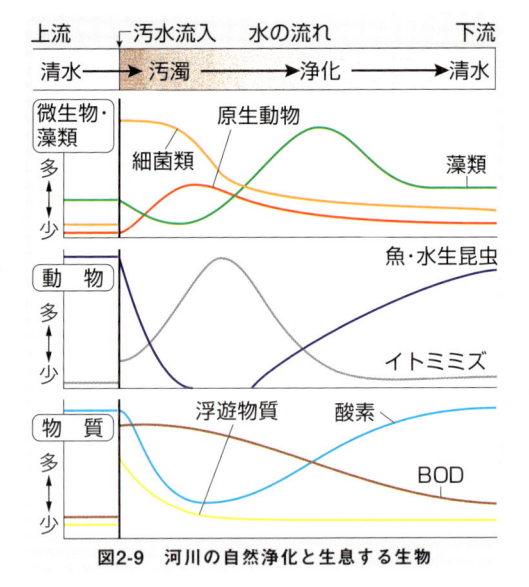

図2-9　河川の自然浄化と生息する生物

◉大気の環境

産業革命以来，人類は化石燃料を大量に消費してきた。その結果，大気中の二酸化炭素濃度が急速に増加した。大気中の二酸化炭素は，地球の表面から放射される赤外線を吸収して，地表に赤外線の熱エネルギーを戻す作用がある。そのため，地表付近の大気の温度が上昇する。これを **温室効果** といい，この100年間で平均気温が約0.74℃上昇している。二酸化炭素以外にもメタン，フロン，亜酸化窒素も温室効果があり，これらを **温室効果ガス** とよぶ。平均気温が上昇すると，大気に含まれる水蒸気の量が増え豪雨の原因ともなる。海水温が上昇すると海水の熱膨張により海面が上昇し，水没する地域も生じてくる。

補足 平均気温の上昇により南極大陸やグリーンランドの氷が解け，海面上昇の原因となるが，海水温の上昇による海水の膨張に比べると影響は少ない。海面上昇のおもな原因は，海水の膨張である。

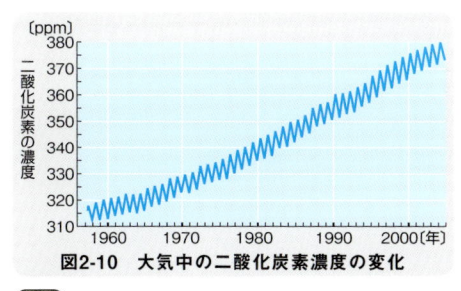

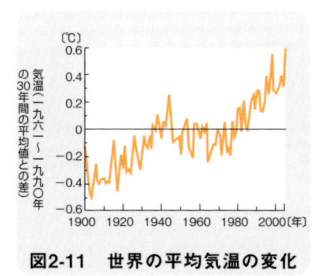

図2-10 大気中の二酸化炭素濃度の変化

図2-11 世界の平均気温の変化

補足 二酸化炭素濃度が一年周期で上下するのは，夏季には光合成量が増して二酸化炭素が吸収されるためである。

紫外線はDNAの損傷を引き起こし，皮膚がんや，眼の水晶体(レンズ)が白く濁る白内障の原因となる。大気にはオゾン層(オゾン濃度の高い部分)があり，太陽から照射される有害な紫外線は吸収される。そのため，生物は陸上で生息することができる。

冷蔵庫やエアコンの冷媒として使われてきたフロンガスは，オゾン層を破壊する性質がある。漏れ出たフロンはオゾン層を破壊し，北極，南極を中心にオゾンホールとよばれるオゾン層が失われた領域が生じている。近年は，フロンの使用が禁止されており，オゾンホールは縮小してきてはいるが，依然として危険な状態が続いている。

> **POINT**
> - 食物連鎖により有害物質が**生物濃縮**されると健康に害を及ぼす。
> - 二酸化炭素などの**温室効果ガス**は地球の温暖化をもたらす。
> - フロンガスは紫外線を吸収する**オゾン層を破壊する**。

コラム 生物と環境変化

　縄文時代は，現在よりも平均気温が2℃高く，海面は4mも高かった。氷期から間氷期に移行する自然の現象で気温が上昇し，その後，気温が徐々に低下していった。気温などの環境が変化しても，変化がゆっくりであれば，生態系はバランスを保ったまま維持される。しかし，人類の文明活動は急激な気温変化をもたらしており，劇的な環境変化は，生態系のバランスを乱す。生態系の激変は，人類の生存すら脅かす。一方，地球全体の生物から見れば，生態系の復元力は驚くほど強いこともわかる。

　6500万年前に直径約10kmの隕石が地球に衝突した。地球全体が煙と埃で覆われ，地表が寒冷化して恐竜が絶滅した。劇的な環境変化であるが，その間，多くの生物が生き延び，哺乳類が発展し，鳥類が進化し，人類までも出現したのである。

D 外来生物

　人間の活動により，意図的にあるいは意図せずに本来生息していた場所から別の場所に移され，その土地に住み着くようになった生物を**外来生物**という。外来生物には，ジャワマングース，ウシガエルなどの動物のほか，セイヨウタンポポ，セイタカアワダチソウなどの植物も多い。

(補足) セイヨウタンポポはヨーロッパ原産，セイタカアワダチソウは北アメリカ原産である。どちらも明治時代に日本にもち込まれた。造成地など生態系がかく乱された土地によく生えるが，遷移が進み安定した生態系になると日本在来の植物が優勢になり，姿が見えなくなる。

▲セイヨウタンポポ　　▲セイタカアワダチソウ

> **参考** 　特定外来生物
>
> 　ウシガエルは明治時代に食用として導入された。日本全国で繁殖し，日本在来の生物を捕食したり，競合したりするため，**特定外来生物**として指定されている。特定外来生物とは，外来生物の中で，生態系，人命，農林水産業に被害を及ぼす，または及ぼすおそれのある生物を環境省が指定したものである。ウシガエルの他，アメリカザリガニ，カダヤシ，オオクチバス，ブルーギルなどがある。
> - **アメリカザリガニ**…ウシガエルの餌として日本にもち込まれた。逃げ出したアメリカザリガニは日本全国に広がった。在来種のニホンザリガニは北日本にのみ生息している。
> - **カダヤシ**…ボウフラを捕食するため，蚊の駆除を目的として明治時代に北アメリカから導入された。繁殖力が強く魚の卵や稚魚を捕食するため，メダカなどの在来種の絶滅が危惧されている。
> - **オオクチバス**…釣り人の密放流により日本にもち込まれた。ブルーギルもオオクチバスの餌としてもち込まれ，ともに繁殖力が強く，水生昆虫や魚卵・仔稚魚を捕食するため，在来種の絶滅が危惧されている。
>
> ▲ウシガエル　　　▲アメリカザリガニ

Ｅ 生物多様性の保全

　地球上に生息する生物は，たった一つの共通祖先に由来しているが，地球の46億年の歴史の中で進化し，多様な生物が生じてきた。よい環境の生態系には，たくさんの種類の生物が生息しており，太陽光のエネルギーは，さまざまな種類の生物をめぐり，多様な生物種を育んでいる。一方，悪い環境では，生存できる生物種が少なく，太陽光エネルギーの大部分は生物をめぐらずに，熱エネルギーとなって宇宙に放散していく。それぞれの生物種は，生態系の復元を担う役割も果たしている。したがって，生態系にすむ生物が多様であれば，生態系は安定し，環境が保持される。**生物多様性**は，環境の指標であり，生物多様性を保全することは環境を保全することに他ならない。

> **POINT**
>
> **生物多様性**は環境の指標であり、多様な生物が生態系のバランスを保つ。

コラム 奇跡の海

　神奈川県の三浦半島の先端が面する海は、奇跡の海といわれる。世界で最も海洋生物の種類が多く、深海生物も多いからである。生物が豊かな理由は、関東平野から流れ込む栄養塩類である。栄養塩類は東京湾を経由して水のきれいな相模湾に流れ込み、そこでプランクトンが大量発生する。大量のプランクトンの死骸はマリンスノー*となって深海にも届く。よい環境のもとで、豊富なプランクトンを栄養源として、豊かな生物相が形成されている。栄養塩類は、生態系を支える重要な要素である。

*プランクトンの死骸は、波に揺られて互いに絡み合い、小さな白い塊となってゆっくりと海底に沈んでゆく。雪が降るように見えるため、これをマリンスノーとよぶ。

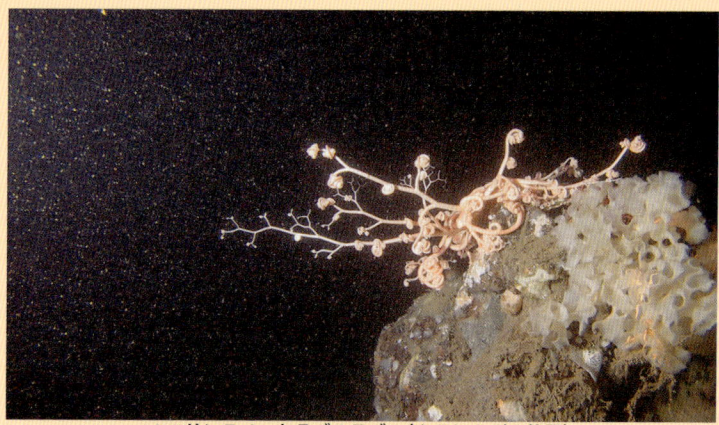

▲マリンスノーとテヅルモヅル(クモヒトデの仲間)

この章で学んだこと

地球上の生物は，太陽の光エネルギーに依存して生きている。生物を構成する物質は，環境から生物，生物から生物，そして生物から環境へと循環している。生態系におけるエネルギーと物質の流れ，生物が生物に与える影響，人間の活動が環境へ与える影響について学んだ。

1 生態系

1. **生態系** 生物の集団と，それを取り巻く非生物的環境を1つのまとまりとしてとらえたもの。
2. **作用と環境形成作用** 作用は生物が非生物的環境から受ける影響。環境形成作用は生物が非生物的環境に及ぼす影響。
3. **生産者** 光合成により，無機物から有機物をつくり出す生物。
4. **消費者** 摂食などにより有機物を体に取り入れて生命を維持する生物。
5. **分解者** 生物の遺体や排出物を取り入れ分解してエネルギーを得る生物。細菌類など。
6. **食物連鎖** 「食う-食われる」の一連の関係。さらに複雑化した関係は食物網という。
7. **生態ピラミッド** 生物の個体数や生物量を，生産者を底辺として積み重ねたもの。

2 物質循環とエネルギーの流れ

1. **物質の循環** 炭素や窒素などの物質は生態系を循環する。
2. **エネルギーの流れ** エネルギーは循環せず，熱エネルギーとなって大気・宇宙に放散する。
3. **炭素の循環** 二酸化炭素は生産者に取り込まれ有機物となり，生産者自身や消費者の栄養源となる。呼吸により再び大気に戻る。
4. **窒素同化** 無機窒素化合物から有機窒素化合物を合成すること。有機窒素化合物は食物連鎖を通じて生態系を移動し，分解者によって無機窒素化合物になる。窒素も生態系を循環している。
5. **脱窒** 土壌の硝酸イオンの一部が，脱窒素細菌により窒素分子に変えられ，ガスとなって大気に放出されること。
6. **窒素固定** 大気中の窒素分子を窒素化合物に変えること。根粒菌やシアノバクテリアが行う。

3 生態系のバランスと保全

1. **生態系のバランス** 生態系では，個体数や生物量が常に変化しているが，変動の幅は一定の範囲に収まって安定している。
2. **キーストーン種** 生態系のバランスに大きな影響をもつ生物。
3. **生態系の復元力** 山火事や洪水など，大きな環境の変化があっても，生態系はやがてもとの状態を取り戻す。
4. **自然浄化** 有機物が分解者によってすべて無機物に変えられること。
5. **生物濃縮** ある物質の濃度が周囲の環境に比べ，生物体で高くなること。
6. **温室効果** 二酸化炭素が，地表から放射される赤外線の熱エネルギーを再び地表に戻すことで，大気の気温が上昇すること。
7. **外来生物** 人間の活動により本来の生息地から別の場所に移動し，その土地に住み着くようになった生物。

確認テスト2

解答・解説は p.202

1
次の文は生態系について説明したものである。以下の問いに答えよ。

ある地域に生活する生物と，それを取り巻く[a]非生物的環境(無機的環境)をひとまとめにして生態系という。一般に生物が非生物的環境から受ける影響を（　ア　）といい，生物が生活することにより非生物的環境に及ぼす影響を（　イ　）という。植物は光合成を行い（　ウ　）物を合成するので（　エ　）者とよばれ，動物や[b]菌類・細菌は，植物が生産した有機物を直接または間接的に取り込んで栄養源にするので（　オ　）者とよばれる。

(1) 上の文の(ア)～(オ)にあてはまる言葉を答えよ。
(2) 上の文の下線部aに示した非生物的環境要因を3つ答えよ。
(3) 上の文の下線部bに示した菌類・細菌は，枯死体や遺体，排出物などの有機物を無機物にまで分解する過程にかかわる。このような生物群は，特に何とよばれているか。

2
右図の実線の矢印は炭素の移動を，破線の矢印はエネルギーの移動を示す。以下の問いに答えよ。

(1) 図の(a)～(d)にあてはまる言葉を下から選べ。
　(ア)　分解者
　(イ)　一次消費者
　(ウ)　二次消費者
　(エ)　生産者
(2) 図の炭素とエネルギーの移動のしかたの違いを簡単に説明せよ。
(3) 図の①～③のエネルギーはそれぞれどのような形態のエネルギーか。下から選べ。
　(ア)　熱エネルギー　(イ)　光エネルギー　(ウ)　化学エネルギー
(4) 図の(a)～(c)の生物量(生体量)は，一般にどのような関係にあるか。下から選べ。
　(ア)　a＜b＜c　(イ)　a＜c＜b　(ウ)　a＞b＞c　(エ)　a＞c＞b
(5) 炭素の移動を示す実線の矢印のうち，図の(e)(f)(g)の働きは何とよばれているか。下から選べ。
　(ア)　摂食　(イ)　蒸散　(ウ)　呼吸　(エ)　光合成

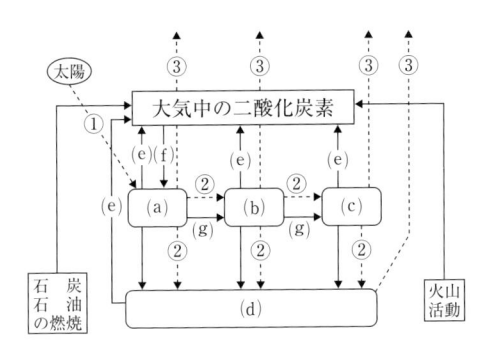

3　右図は，窒素の循環を模式的に示したものである。以下の問いに答えよ。

(1) 図のaのように，大気中の窒素を植物が利用できるアンモニウム塩(NH_4^+)に変える働きを何というか。また，その働きを行う生物名を2つ答えよ。

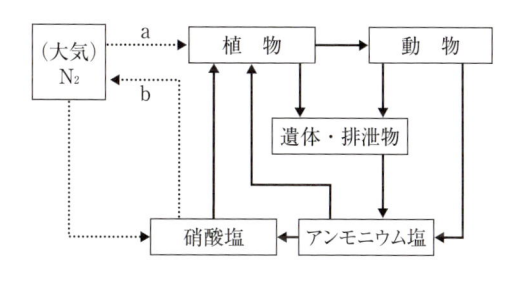

(2) 植物がアンモニウム塩や硝酸塩(NO_3^-)を根から吸収して有機窒素化合物をつくる働きを何というか。また，植物の体をつくる有機窒素化合物にはどのようなものがあるか。下から選べ。
　(ア) 炭水化物　(イ) 脂肪　(ウ) タンパク質　(エ) 核酸
　(オ) クロロフィル　(カ) ＡＴＰ

(3) マメ科植物と共生し，大気中の窒素(N_2)をアンモニウム塩にかえて植物に供給する生物名を答えよ。

(4) 図のbの働きをもつ微生物の名称を答えよ。

(5) 人間の活動により，生態系へ供給される窒素が増えている。どのようなことか，簡単に説明せよ。
（茨城大学　改題）

4　次の文の( )にあてはまる言葉を入れ，以下の問いに答えよ。
・生態系はさまざまなかく乱によって常に変動しているが，その変動の幅が一定の範囲に保たれていることを(ア)という。
・河川や湖沼に流れ込んだ汚濁物質が微生物などの働きにより減少することを(イ)という。湖沼や海に流入した有機物が分解されてできた(ウ)やリンなどの栄養塩類が増加する現象を(エ)という。(エ)により，湖沼でシアノバクテリアが大量発生して水面が青緑色になる現象を(オ)といい，海で植物プランクトンが大量発生して水面が赤色になる現象を(カ)という。
・ある物質が，周囲の環境に比べて生物体内に高い濃度で蓄積する現象を(キ)という。(キ)は，分解・(ク)されにくい物質を体内に取り込んだときに起こる。
・人間の活動により意図的または意図せずに，本来生息していた場所から別の場所に移され，その地に定着した生物を(ケ)という。

(1) (カ)により，海の生態系に大きな影響を及ぼすことがある。どのようなことか，具体的に述べよ。

(2) (ケ)の代表例を，植物・動物から1つずつ答えよ。

センター試験対策問題

解答・解説は p.203

1 植生の遷移について，以下の問いに答えよ。

問1 次は，種子植物で遷移の初期に出現する種と後期に出現する種との，一般的な特徴を比較したものである。しかし，項目①～⑥のうちには，初期の種と後期の種の特徴が，逆に記述されているものが二つある。それらを選べ。ただし，解答の順序は問わない。

項目	初期の種の特徴	後期の種の特徴
① 種子生産数	多い	少ない
② 種子の大きさ	大きい	小さい
③ 初期の成長速度	速い	遅い
④ 成体の大きさ	小さい	大きい
⑤ 個体の寿命	短い	長い
⑥ 幼植物の耐陰性	高い	短い

問2 極相に達した森林にみられる低木層は，主にどのような植物で構成されているか。最も適当なものを，次の①～⑥のうちから一つ選べ。

① 陽樹の幼木と陽生植物
② 陽樹の幼木と陰生植物
③ 陽樹および陰樹の幼木と陽生植物
④ 陽樹および陰樹の幼木と陰生植物
⑤ 陰樹の幼木と陽生植物
⑥ 陰樹の幼木と陰生植物

問3 極相に達した森林で，高木や亜高木が枯れたり倒れたりして，低木層の植物が強い光を受けるようになった場合，どのようなことが起こると考えられるか。最も適当なものを，次の①～④のうちから一つ選べ。

① 低木層の植物のうち，陽樹の幼木のみが急速に成長を始める。
② 低木層の植物のうち，高木および亜高木の幼木が急速に成長を始める。
③ 低木層の陰樹は枯れ，地中に埋もれていた高木層の植物の種子が発芽し，成長する。
④ 低木層の多くの植物が種子をつけ，その芽生えが急速に成長する。

(センター試験)

2 次のア～ウはどのようなバイオーム(生物群系)について述べたものか。最も適当なものを，下の①～⑧のうちからそれぞれ一つずつ選べ。

ア 秋から冬に枯れ落ちた広葉が土壌有機物の主な供給源である。昆虫・ヤスデなどさまざまな節足動物やミミズがこの植生における主要な土壌動物である。

イ 限られた種類の低木や，スゲ類，コケ類，地衣類などが多くみられるバイオームである。低温のため，土壌有機物の分解速度がきわめて遅い。

ウ きわめて多種類の植物が繁茂している。土壌有機物の分解速度が速く，また生じた無機物は速やかに植物に吸収される。

① ツンドラ　　② 砂漠　　③ ステップ　　④ 夏緑樹林
⑤ タイガ　　⑥ サバンナ　　⑦ 熱帯多雨林　　⑧ 山地草原

(センター試験　改題)

3 次の文章を読み，次の問い(問1～3)に答えよ。

　海岸の岩場には，固着生物を中心とする特有の生物がみられる。次の図はその一例である。この中のフジツボ，イガイ，カメノテ，イソギンチャクおよび紅藻は固着生物であるが，イボニシ，ヒザラガイ，カサガイおよびヒトデは岩場を動き回って生活している。矢印は食物連鎖におけるエネルギーの流れを表し，ヒトデと各生物を結ぶ線上の数字は，ヒトデの食物全体の中で各生物が占める割合(個体数比)を百分率で示したものである。

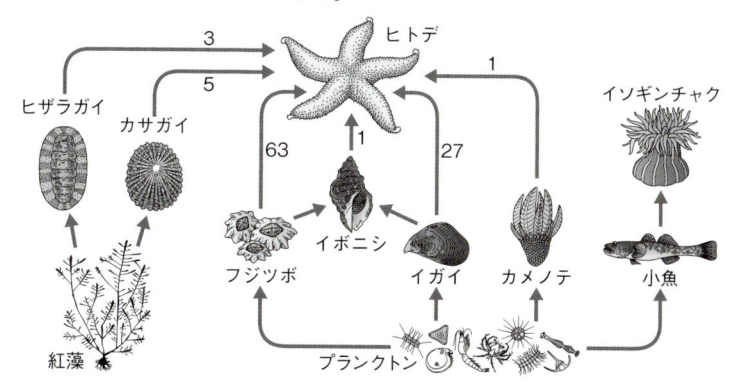

　この生態系の中に適当な広さの実験区を設定し，そこからヒトデを完全に除去したところ，その後約1年の間に生物の構成が大きく変化した。岩場ではまずイガイとフジツボが著しく数を増して優占種(岩場を広くおおう種)となった。カメノテとイボニシは常に散在していたが，イソギンチャクと紅藻は，増えたイガイやフジツボに生活空間を奪われて，ほとんど姿を消した。その後，食物を失ったヒザラガイやカサガイもいなくなり，生物群の単純化が進んだ。一方，ヒトデを

除去しなかった対照区では，このような変化はみられなかった。

この野外実験からの推論として，適当でないものはどれか。次の①〜⑤のうちから二つ選べ。ただし，解答の順序は問わない。

① ヒザラガイとカサガイが消滅したのは，食物をめぐって両種の間に競争が起こったためである。
② イガイとフジツボが増えたのは，主に両種に集中していたヒトデの捕食がなくなったためである。
③ 異なる種の間の競争は，異なった栄養段階に属する生物の間でも起こりうる。
④ 上位捕食者の除去は，被食者でない生物の集まりにも間接的に大きな影響を及ぼしうる。
⑤ 上位捕食者の存在は，生物群の構成の単純化をもたらしている。

(センター試験 改題)

4 次の文は自然浄化について述べたものである。( )にあてはまる番号をそれぞれ下の選択肢から選べ。

問1 図1は，汚水が流入したときの有機物・藻類・細菌・原生動物の相対量の変化を表したものである。藻類の相対量の変化を表す曲線は(1)で，細菌の相対量の変化を表す曲線は(2)である。

①A ②B ③C ④D

問2 汚水が流入したとき，図2で，溶存酸素と有機物の相対濃度の変化を表す曲線は(1)で，NO_3^-とNH_4^+の相対濃度の変化を表す曲線は(2)である。NH_4^+は(3)の働きによりNO_3^-に変えられる。

(1)の選択肢…左が「溶存酸素」，右が「有機物」を示す

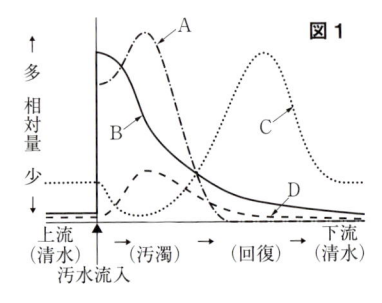

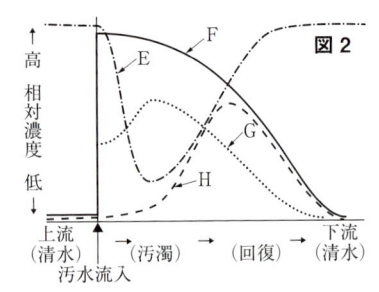

(2)の選択肢…左が「NO_3^-」，右が「NH_4^+」を示す

① E, F ② E, G ③ E, H ④ G, E ⑤ G, F ⑥ G, H ⑦ H, E ⑧ H, F ⑨ H, G

(3)の選択肢 ① 根粒菌 ② 脱窒菌 ③ 硝化菌 ④ ネンジュモ

(近畿大学 改題)

解答・解説

第1部 生物の特徴

確認テスト1　p.31・p.32

1 解答 (1) (ア)180万　(イ)多様
(ウ)共通　(エ)遺伝　(オ)遺伝子
(カ)DNA　(キ)系統樹
(2) ①細胞　②生殖　③形質
④ATP　⑤刺激

解説 (1) 生物に共通性があることが，共通の祖先から進化してきたことを裏付ける。共通の祖先は，酸素を使わない呼吸を行う原核生物の細菌だと考えられている。進化にもとづく類縁関係を系統という。よく似た種をまとめて属に，さらに科，目，綱，門，界と上位の階層にまとめられ，分類される。これまで形質や発生の過程の比較などで描かれてきた系統樹も，近年は遺伝情報の比較により見直されている。分子系統樹では，生物全体は大きく真正細菌(バクテリア)，古細菌(アーキア)，真核生物の3つのグループ(ドメイン)に分けられる。

(2) ① 細胞の成分にも共通性がある。およそ7割が水，残りの半分がタンパク質。その他，脂質，炭水化物，核酸(DNA)，無機塩類など。

⑤ 体の内部の状態を一定に保とうとする性質を恒常性(ホメオスタシス)という。第3部で学ぶ。

> **POINT** 共通の祖先から進化して多様な生物ができた。生物は多様だが共通性がある。細胞・生殖・遺伝・ATP・体の調節。

2 解答 (1) (ア)単細胞生物　(イ)多細胞生物　(2) (ア)体細胞　(イ)生殖細胞　(3) (ア)原核　(イ)原核生物　(ウ)シアノバクテリア
(4) (ア)組織　(イ)階層

(5) (ア)フック　(イ)(ウ)シュライデン，シュワン(順不同)　(エ)細胞説

解説 (1) 細菌(バクテリア)やシアノバクテリア(ラン藻)などの原核生物は単細胞生物。ボルボックスなど群体をつくって生活する単細胞生物もいる。

(2) 生殖細胞には卵，精子，胞子などがある。単細胞生物は分裂や出芽によって増える。

(3) 原核生物では，染色体はむき出しで細胞質基質中に存在する。

(4) 植物には根・茎・葉・花などの器官がある。根端や成長点にある分裂組織のほか，分裂しない組織として表皮組織，通道組織の道管や師管，基本組織系のさく状組織や海綿状組織などがある。

(5) フィルヒョーは細胞が細胞からできることを見つけた。

> **POINT** 原核生物は核膜につつまれた核をもたない。1つの細胞からなるのは単細胞生物，複数の細胞からなり，細胞・組織・器官と階層構造をもつのは多細胞生物。

3 解答 (1) a—エ　b—オ　c—ア　d—イ　e—ク　f—キ
(2) a, e および c
(3) ア—d　イ—f　ウ—c　エ—e
(4) 細胞分画法

解説 (3) 核のほか，ミトコンドリアと葉緑体も独自のDNAをもつ。花の色は液胞のアントシアンのほか，有色体の色などにもよる。

(4) 遠心力を利用して特定の大きさの細胞小器官を沈めて分離する。

> **POINT** 細胞壁，葉緑体，発達した液胞が植物細胞の特徴。

4 解答 (1) 長い　(2) 短い　(3) しぼ

解答・解説　191

る (4) d (5) $\frac{1}{16}$ (6) 低倍率, 平面鏡

解説 (1)(2) 低倍率でピントを合わせ, レボルバーを回転させれば高倍率でもほぼピントが合っている。
(4) 通常, 顕微鏡の視野は上下左右ともに逆転している。
(6) 高倍率では, 狭くなった視野に凹面鏡で光を集めて観察する。

確認テスト2 p.49・p.50

1 **解答** (ア)代謝 (イ)エネルギー (ウ)同化 (エ)光合成 (オ)吸収 (カ)独立 (キ)異化 (ク)呼吸 (ケ)放出 (コ)ATP (サ)酵素

解説 (ウ)植物には, 光合成を行う同化器官と光合成を行わない非同化器官がある。(エ)光合成のできない動物などは, 従属栄養生物であり, 他の生物の体(有機物)を食物として取り入れて分解し, 体をつくる材料としたり呼吸基質にする。(コ)光合成, 呼吸ともにATPがつくられる。(サ)酵素はタンパク質を主成分とする生体触媒である。

POINT 同化→エネルギー吸収, 有機物の合成, 例：光合成。
異化→エネルギー放出, 有機物の分解, 例：呼吸。

2 **解答** (1) アデノシン三リン酸
(2) ア アデノシン イ リン酸 ウ 高エネルギーリン酸 (3) 葉緑体, ミトコンドリア

解説 (2) リン酸どうしの結合は他に比べて切れたり結合したりしやすく, エネルギーの貯蔵や放出に適している。ATPはRNAの成分とも共通しており, 生物体に多く存在する分子である。リン酸が1つはずれるとADPとなり, エネルギーが放出される。葉緑体は光エネルギーを, ミトコンドリアは化学エネルギーを用いてADPとリン酸を結合させ, ATPをつくる。

POINT 代謝にともないエネルギーは移動し変換される。ATPが化学エネルギーを一時保管し, 運搬する。

3 **解答** (ア)タンパク質 (イ)アミラーゼ (ウ)マルターゼ (エ)触媒

解説 酵素は化学反応を促進する生体触媒。酵素自身は反応の前後で変化しない。

4 **解答** (1) (ア)グルコース (イ)(ウ)二酸化炭素, 水(順不同) (エ)ATP (オ)ミトコンドリア (カ)光 (キ)ATP (ク)(ケ)二酸化炭素, 水(順不同) (コ)酸素 (サ)葉緑体
(2) ①有機物(グルコース)+酸素→二酸化炭素+水+エネルギー(ATP)
②二酸化炭素+水+光エネルギー→有機物+酸素

別解 ① $C_6H_{12}O_6+6H_2O+6O_2$ →$6CO_2+12H_2O$+エネルギー(最大38ATP)
② $6CO_2+12H_2O$+光エネルギー→$C_6H_{12}O_6+6H_2O+6O_2$

解説 (1) 呼吸や光合成には, 多くの酵素が働き, 反応は段階的に進む。
(オ)真核生物は共通してミトコンドリアをもつ。(コ)光合成で発生する酸素は水の分解で生じる。
(サ)藻類(大型の海藻や単細胞のクロレラなど)にも葉緑体があり, 光合成を行う。
(2) ①呼吸は, 解糖系(細胞質), クエン酸回路(ミトコンドリア), 電子伝達系(ミトコンドリア)と細胞内の2か所で起こる3段階の反応からなる。②光合成は, クロロフィルを含むチラコイドとその周りのストロマの2か所で反応が進む。光の吸収, ATPの合成, 水の分解はチラコイド, 二酸化炭素の固定はストロマで行われる。

> **POINT** 呼吸（ミトコンドリア）でも，光合成（葉緑体）でもATPがつくられる。呼吸→酸素を消費して有機物を分解する。光合成→光エネルギーを吸収して有機物を合成する（炭酸固定または炭酸同化）。

5 解答 (1) 葉緑体　(2) ミトコンドリア　(3) 細胞内共生説　(4) マーグリス

解説 (1) シアノバクテリアはクロロフィルに似た色素をもち，光合成を行う。
(2) 酸素を用いた呼吸を行う細菌を好気性細菌という。

センター試験対策問題　p.51〜p.53

1 解答　問1　①　問2　④　問3　⑧　問4　(1)④　(2)⑦

解説　問2　対物ミクロメーター5目盛り×対物ミクロメーター1目盛り10μm＝50μmが，接眼ミクロメーター20目盛りに対応するので，接眼ミクロメーター1目盛りの長さは50μm÷20＝2.5μm。よって，この細胞の長さは，2.5μm×49目盛り＝122.5μm　となる。
問3　原核生物は細胞小器官をもたない。ネンジュモは原核生物のシアノバクテリアの一種，大腸菌は原核生物の細菌の一種である。真核生物は膜で囲まれた細胞小器官をもつ。クラミドモナス，酵母，アメーバは真核生物。
問4　植物に特徴的な構造は，葉緑体，細胞壁，液胞である。成長した植物細胞では大きく発達した液胞が観察できる。液胞は，老廃物やアントシアン（色素），有機酸などを含む。小胞体とゴルジ体はタンパク質の分泌，中心体は細胞分裂の際の染色体の分離にそれぞれかかわっている。

2 解答　問1　②⑥（順不同）　問2　④

解説　問1　②従属栄養生物は，大気からの二酸化炭素を利用できない。⑥異化の過程で放出されるエネルギーの一部がATPを合成するのに使われて，残りは熱エネルギーとなって放出される。

3 解答　⑤

解説　光合成の反応は，二酸化炭素＋水＋光エネルギー→有機物＋酸素である。光合成により生じた有機物（$C_6H_{12}O_6$：グルコース）はデンプンになり，葉緑体中に同化デンプンとして蓄積される。デンプンはグルコースに分解されたのちスクロースとなり，師管を通って植物体の各部へ運ばれる。この移動を転流という。

第2部 遺伝子とその働き

確認テスト1　p.67・p.68

1 解答 (1) (ア)メンデル (イ)遺伝子 (ウ)染色体 (エ)DNA (オ)ヌクレオチド (カ)塩基 (キ)デオキシリボース (ク)シトシン (ケ)チミン (コ)二重らせん
(2) AとT，GとC
(3) ワトソン，クリック

解説 (ア)遺伝の法則を発見したのは1865年のことであるが，1900年に3人の研究者に再発見されるまで理解されなかった。(イ)メンデルは「要素」とよび，仮定の因子としていた。(エ)デオキシリボ核酸。酸性を示す。(カ)アルカリ性を示す。(キ)5つの炭素からできていて，5炭糖とよぶ。グルコースは6炭糖。

POINT　DNAは，糖（デオキシリボース）にリン酸と塩基が結合したヌクレオチドが長く鎖状につながった分子。塩基の結合は，必ずAとT，GとCが対になっているため，一方が決まれば，もう一方も決まる相補的な関係にある。

2 解答 (1) 30億 (2) ヒトゲノム
(3) 22,000 (4) 1.5 (5) 染色体
(6) ヒストン

解説 遺伝子として働く部分はゲノムのごく一部であり，DNA＝遺伝子ではない。

3 解答 (1) 2.4倍 (2) 1.5倍 (3) 1250塩基対 (4) 2000塩基対
(5) 150万個 (6) 平均的な遺伝子のサイズが大きい。または遺伝子の間が大きく空いている。

解説 原核生物の遺伝子は近接して存在している。一方，真核生物の遺伝子はゲノム上に点在しており，遺伝子どうしの間隔は大きく空いている。遺伝子ではない部分は，反復配列が多くを占めている。反復配列では，同じ塩基配列が繰り返されている。

確認テスト2　p.75・p.76

1 解答 ②，③，⑥
解説 ②先に起きるのは核分裂。③④間期とは，M期を除く，G_1期・S期・G_2期である。⑤染色体が中央に並ぶのは中期。⑦染色体の移動は後期。⑧体細胞分裂では，娘細胞と母細胞は同じDNAを同じ量もつ。

POINT　細胞周期では，DNAの複製は間期に，分配は分裂期に行われている。

2 解答 (1) TACCGTCGAT (2) (ウ)
(3) (a)(ア) (b)(ウ) (c)(イ)
(d)(オ) (e)(エ)

解説 (1) AとT，GとCが対になっている。(3) DNAの複製は，間期のS期に起き，その前後がG_1期とG_2期である。2倍になったDNA量は，分裂期の終わりにもとに戻る。

POINT　DNAの複製は，塩基の相補性をもとにしている。2本鎖の片方を鋳型にして，もう1本の新しいヌクレオチド鎖がつくられる。複製後のDNAの2本鎖のうち1本はもとのヌクレオチド鎖であるから，これを半保存的複製という。

3 解答 (1) 16時間 (2) 12分
(3) ADECBF

解説 (1) Aが間期でB～Fが分裂期であるから，分裂期の細胞数はB～Fの細胞数を足して80，細胞周期全体での細胞数は560＋80で640である。分裂期は2時間であるから，細胞周期：分裂期＝640：80　より，細胞周期＝$2\times\dfrac{640}{80}$となる。(2) 後期はBである。したがって，後期：分裂期＝8：80，分裂期は120分だから，後期＝$120\times\dfrac{8}{80}$となる。
(3) Eは中期に赤道面に並ぶ前の状態

と考える。

> **POINT** かかる時間は，細胞数に比例する。

確認テスト3　p.89・p.90

1 【解答】(1) リン酸　(2) ヌクレオチド
(3) デオキシリボース
(4) リボース　(5) チミン
(6) ウラシル　(7) 2　(8) 1
(9) 転写　(10) 翻訳

【解説】ヌクレオチドには5種類ある。アデニンヌクレオチド，グアニンヌクレオチド，シトシンヌクレオチド，チミンヌクレオチドはDNAの構成成分となる。RNAは，チミンヌクレオチドのかわりにウラシルヌクレオチドが構成成分となる。転写では，DNAのヌクレオチド鎖の片方だけが鋳型となるので，できるRNAは1本鎖である。

> **POINT** DNAとRNAの違い
>
> | | DNA | RNA |
> |---|---|---|
> | 糖 | デオキシリボース | リボース |
> | 塩基 | A, G, C, T | A, G, C, U |

2 【解答】(1) ①ウラシル　②シトシン
③グアニン　④アデニン
(2) ④

【解説】(1) RNAは，AとU，GとCが対をつくる。(2) RNAは，1本鎖なので，塩基対をつくらない。そのためAとU，GとCの割合は等しくならない。

> **POINT** RNAは1本のヌクレオチド鎖のため，AとU，GとCの塩基の数が同じとはいえない。

3 【解答】(1) ①(a)核　(b)細胞質またはリボソーム　②タンパク質を構成するアミノ酸は20種類である。塩基は4種類しかないので，塩基1つでは4通り，2つでは16通りにしかならず不十分であるため。

(2) セントラルドグマ　(3) 逆転写

【解説】真核生物では，転写は核で行われ，翻訳は細胞質で行われる。原核生物では，転写と翻訳は同時に進む。どちらも，遺伝情報は，DNA→RNA→タンパク質の向きに流れ，これをセントラルドグマという。例外として，RNAを遺伝子としてもつウイルスには，RNAからDNAを合成するものがある。RNAからDNAが合成されることを逆転写という。

> **POINT** DNAからRNA，そしてタンパク質へという情報の流れは普遍のものと考えられ，セントラルドグマとよばれている。

4 【解答】③

【解説】まず，遺伝暗号表をもとにグリシンを指定する3つの塩基(コドン)を調べる。グリシンを指定するコドンは4種類あるが，ここでは「GGA」という配列しか見当たらない。そこで，各コドンの切れ目が以下のようになっていることが推測できる。

AA/GCC/ACU/GGA/AUG/CAU/C

> **POINT** どこから翻訳を始めるかによってアミノ酸の指定が変わってしまうことに注意。

センター試験対策問題　p.91~p.93

1 【解答】問1 ①　問2 ②　問3 ①
問4 ④

【解説】問1 間期の染色体は，光学顕微鏡では見えない。染色体が凝縮して，ひも状に見え始めるのは前期である。
問2 図1の培養皿Aの細胞数が2倍になるのに要する時間が細胞周期である。実験3より，M期の細胞は，全体の$\frac{20}{200}=0.1$しかない。細胞数の割合は，かかる時間に比例する。したがって，20時間×0.1＝2時間となる。

解答・解説　195

問3　G_1期は，分裂直後からDNAの複製が始まるまでなので，DNA量が1のときである。

> **POINT** DNAの複製は間期のS期に起きる。

2 解答　⑤

3 解答　③
解説　塩基の相補性に注意する。例えば，一方のヌクレオチド鎖にアデニンAが多ければ，それと相補的なもう一方のヌクレオチド鎖にはチミンTが多くなる。

4 解答　(1) ⑥　(2) ①　(3) ⑧
　　　(4) ②　(5) ⑩　(6) ④
　　　(7) ⑤　(8) ⑦
解説　真核生物においては，転写は核内で，翻訳は細胞質で行われる。転写から翻訳という順序は，遺伝子の発現の大原則で「セントラルドグマ」という。タンパク質の種類ごとにアミノ酸配列が異なり，働きも異なる。

> **POINT** DNAのもつ遺伝情報とは，3つの塩基の組合わせで1つのアミノ酸を示していることである。

5 解答　(1) ②　(2) ③
解説　2本鎖であれば，相補的結合により，AとTまたはAとU，GとCの割合が等しくなる。Tが0％であればRNA，Uが0％であればDNAである。

> **POINT** DNAの塩基は，AとT，GとCが対になる。RNAではAとU，GとCが対になる。

第3部　生物の特徴

確認テスト1　p.110・p.111

1 解答　(1) (ア)恒常性　(イ)外部環境　(ウ)体液　(エ)内部環境　(オ)(カ)塩類濃度,血糖濃度(順不同)　(キ)一定
(2) ②

解説　(1) 体内環境は体液で満たされているが，実際のところ，それは組織液を指している。血液(血しょう)は血管内に限定されているので，その違いを確認しておく。
(2) 細胞外液濃度＞細胞内液濃度の場合は，細胞内に水が入ってこない(出ていく)ので，水の排出は必要がない(実際にはこのような環境下では生育できない)。

> **POINT** 多細胞動物の内部環境＝組織液(体液)

2 解答　(1) (ア)組織液　(イ)血液(血しょう)　(ウ)リンパ管
(エ)リンパ液
(2) (ア)動脈　(イ)毛細血管
(ウ)血しょう　(エ)組織液
(オ)酸素　(カ)老廃物　(キ)静脈
(ク)赤血球　(ケ)閉鎖血管系
(3) (ア)拍動　(イ)右
(ウ)洞房結節(ペースメーカー)
(エ)左心房　(オ)左心室　(カ)体
(キ)右心房　(ク)右心室　(ケ)肺

解説　(2) 閉鎖血管系にとって，毛細血管はきわめて重要な存在である。組織液と血しょうが行き来する構造であることが，大きな特徴になっている。
(3) 体循環は，動脈血を全身に送り出す。肺循環は，静脈血を肺へ送り出す。

POINT
①体液＝組織液＋血しょう（血液）＋リンパ液
②閉鎖血管系は毛細血管で動脈と静脈をつなぐ。

3 【解答】(1) A－ウ　B－キ　C－エ
　　D－ア　E－イ　F－オ
(2) ①A　②C　③B　④B　⑤E

【解説】(2) ①尿素は肝臓でつくられて血中に放出される。したがって肝組織から出る血液に多く含まれる。
②酸素は動脈血で送られてくる。左心室から直行してくる血管はどれかを確認する。門脈を流れる血液は消化管やひ臓の毛細血管を通過してきたものである。つまり酸素は消化管やひ臓の組織で取り込まれている。
③消化管で吸収した栄養分は消化管から出る血液に多く含まれている。
④ひ臓は古くなった赤血球を破壊する役割を担う臓器である。したがって，ひ臓から出る血液の中に多く含まれる。
⑤これは肝臓でつくられて，毛細血管ではなく胆管に放出される。これが集まったものが胆管であり，消化管内(体外)に排出する。

POINT
肝臓につながる4本の管
→肝動脈・肝静脈・肝門脈・胆管。

4 【解答】(1) A－ろ過　B－再吸収
(2) ①ボーマンのう　②糸球体
③細尿管(腎細管)
(3) グルコース，無機塩類

【解説】(3) 赤血球・血小板・タンパク質・脂肪はろ過されないので，③の細尿管内にはない。残った2つ，グルコースと無機塩類が再吸収の対象となる。

POINT
腎臓の働き→大量ろ過・大量再吸収で体液の塩分濃度と水分量を調節する。

5 【解答】(1) (ア)0　(イ)0
(ウ)グルコース　(エ)尿素　(オ)67
(2) 肝臓　(3) 不要なもの

【解説】(1) タンパク質は糸球体でろ過されないので，尿中濃度は0%。よって濃縮率も0となる。血しょう中に0.1%あるもので，全て再吸収されるものはグルコース。尿中に最も多いのは尿素。

濃縮率は $\dfrac{B}{A} = \dfrac{2}{0.03} = 66.66\cdots$

(2) 尿素は肝細胞で生合成される。オルニチン回路という回路反応で二酸化炭素とアンモニアからつくられる。
(3) 濃縮率が高いということは，あまり再吸収されていない物質ということになる。老廃物など，体にとって不要な物質は，再吸収率がきわめて低く，結果的に濃縮率は高くなる。クレアチニンも老廃物である。

POINT
濃縮率の高い物質＝再吸収率の低い物質＝老廃物など

確認テスト2　　p.126・p.127

1 【解答】(ア)脳　(イ)脊髄　(ウ)末梢神経系
(エ)感覚　(オ)運動　(カ)自律
(キ)(ク)交感，副交感(順不同)
(ケ)拮抗　(コ)ホルモン
(サ)血液(血しょう)　(シ)標的器官
(ス)受容体　(セ)タンパク質

【解説】神経系は中枢神経系と末梢神経系に大きく分けられる。末梢神経系は，体性神経系と自律神経系に分けられる。体性神経系は，感覚や運動といった随意的な働きと関係がある神経で，感覚神経と運動神経に分類される。

2 【解答】表

拡大	促進	拡張	収縮	抑制	弛緩
縮小	抑制	収縮	—	促進	収縮

(ア)盛ん(活発)　(イ)多く(増加)
(ウ)高め(盛んにし)　(エ)交感
(オ)消費　(カ)副交感
(キ)蓄積(貯蔵)　(ク)上昇
(ケ)抑制　(コ)低下　(サ)促進

解説 交感神経はエネルギー消費型活動にかかわり，副交感神経はエネルギー蓄積型活動にかかわる。

3 解答 (1) ①副交感神経 ②交感神経
③脳下垂体前葉
④すい臓ランゲルハンス島
⑤副腎 ⑥肝臓 ⑦消化管
⑧副腎皮質刺激ホルモン
⑨インスリン ⑩グルカゴン
⑪アドレナリン
⑫糖質コルチコイド
(2) ⑦→⑲→⑬→①→⑨→⑮・⑯

解説 高血糖濃度に対応するしくみは1通りだが，低血糖濃度に対応するしくみは複数ある。低血糖濃度は生命にかかわるため，何通りもの対応経路が備わっている。

4 解答 (1) A－間脳視床下部
B－脳下垂体後葉
C－脳下垂体前葉
(2) ①④⑤⑥⑦ (3) ア－⑦
イ－⑦ ウ－④ (4) ②→⑥

解説 (2) 毛細血管に分泌している神経分泌細胞がどれであるかを確認する。該当する流れは②③である。

POINT 脳下垂体後葉は視床下部の一部が変化してできたもの（発生的に脳下垂体後葉は視床下部に由来している。脳下垂体前葉は由来が違う）。

確認テスト3 p.142・p.143

1 解答 (ア)皮膚 (イ)粘膜 (ウ)繊毛
(エ)リゾチーム (オ)がん
(カ)抗原(異物) (キ)免疫
(ク)細胞 (ケ)抗体 (コ)体液

解説 皮膚や鼻，気管には物理的，化学的に異物を排除するしくみが備わっている。物理的，化学的な防御と免疫を合わせて生体防御とよぶ。

POINT 物理的・化学的防御と免疫を区別する。

2 解答 (ア)食 (イ)(ウ)好中球，マクロファージ(順不同) (エ)樹状細胞
(オ)抗原 (カ)T (キ)B
(ク)抗体 (ケ)体液
(コ)がん細胞 (サ)ウイルス
(シ)細胞 (ス)記憶 (セ)二次応答
(ソ)ヒト免疫不全 (タ)日和見感染
(チ)エイズ(AIDS, 後天性免疫不全症候群)

解説 異物認識による食作用は自然免疫といい，抗体をつくる体液性免疫や細胞傷害で感染細胞などを破壊する細胞性免疫（両方をあわせて獲得免疫という）とは，メカニズムが大きく異なる。自然免疫は細菌などが共通してもつ物質を抗原として認識し，そのような非自己に対して食作用を行う。それは，その抗原の侵入にかかわらず，あらかじめ用意されたものである。

POINT 異物の侵入に対して，自然免疫（白血球による食作用），そして獲得免疫（抗体による体液性免疫，細胞傷害による細胞性免疫）の順に応答する。二度目の侵入で速やかな応答をするのは，獲得免疫のしくみにある免疫記憶による。

3 解答 (1) A－体液性免疫
B－細胞性免疫
(2) (ア)樹状細胞
(イ)ヘルパーT細胞 (ウ)B細胞
(エ)抗体産生細胞
(オ)キラーT細胞
(3) T細胞とB細胞の記憶細胞のうち，抗原に対応するものが速やかに増殖する。

解説 抗原提示をする細胞は樹状細胞，体液性免疫にかかわるのはB細胞，細胞性免疫にかかわるのはキラーT細胞である。ヘルパーT細胞は体液性免疫と

細胞性免疫の両方に関与する。

> **POINT** 免疫に関与する細胞は、好中球、マクロファージ、樹状細胞、ヘルパーT細胞、キラーT細胞、B細胞。これらがどのような役割をもっているかを整理する。

4 解答 (1) ①
(2) 1回目の注射のあと、抗原Aに対する抗体をつくる抗体産生細胞が記憶細胞として準備されていたため、2回目の注射で、これらの記憶細胞が速やかに増殖したから。

解説 2回目の注射では、抗原Aに対する抗体が1回目よりも短時間で素早く応答している。そのため、1回目が初回の侵入であると考えられる。もしすでに経験している抗原であれば、1回目の注射で2回目のような応答をするはずである。抗原Bに対しては、2回目の注射が初めての侵入である。

> **POINT** 二次応答は一次応答よりも抗体量が多く、応答も早い。二次応答は、記憶細胞による。

センター試験対策問題　p.144・p.146

1 解答　問1　④　問2　②
問3　②⑤(順不同)

解説　問1　過程Iは糸球体における血液のろ過である。ろ過の原動力は血圧と、糸球体にある小穴の電気的な力(マイナスに帯電している)であり、大型の物質で特にマイナスに帯電しているタンパク質は通れない。問2　ろ過においてグルコースは何ら妨げられないので、血糖濃度が上がった分、グルコースの移動量も増える。細尿管におけるグルコースの再吸収は、細尿管内にあるグルコース運搬体が飽和するまでは原尿中のグルコース移動量(濃度)の増加にともなって増える(つまり①~④全てが正解となる可能性

がある)。しかし、グルコース運搬体が飽和するまで原尿のグルコース移動量(濃度)が増えると、その分は再吸収しきれなくなる。そして、ある一定のところで原尿の再吸収量は頭打ちになる(ここで正解は②または③に絞り込まれる)。原尿中のグルコース移動量(濃度)にともなうだけの再吸収ができなくなる(aとbのグラフにずれが生じる)と、その分だけ尿中にグルコースが出てくる。つまりグラフcはaとbのずれが生じた段階から増加し始め、bが頭打ちになった段階で、aと同じ増分(グラフの傾き)で増加する。②が正解となる。
問3　後葉を除去すると、その直後は、バソプレシンを分泌する能力がないので、細尿管における水分の再吸収量が低下する。そのため、尿量は大幅に増加する。それにともない体内の水分量が著しく減少するので、それを補うように水を飲む行動が促進され、飲水量が増える。もしこのままであれば、尿量と飲水量は対照群と比べて高い値をとり続けるはずである。しかし、実際には1週後から低下し始める。そして3週以降は対照群より高めながらも、飲水量と尿量は平行になる。この原因を、文中の「2週後に脳下垂体を観察すると、神経分泌細胞の軸索が集まって後葉を再生していた」ことから、バソプレシンも再び分泌するようになったとすれば、この変化が説明できる。

2 解答　問1　①⑥⑧(順不同)　問2　②
問3　①⑥(順不同)

解説　問1　実験1~3について、その結果を考察する。
実験1—Aに由来する細胞同士は、自己と認識されるので生着し続ける。AとBは非自己という認識で、初めての侵入(移植)なので、Bの皮膚は「生着14日後脱落」となる。(→⑧)
実験2—二度目の非自己Bの侵入(移植)に対しては「生着不可・6日後脱落」。A

とCも非自己という認識で，Cの皮膚は「生着14日後脱落」(→①, ⑧)。
実験3-B₅の皮膚が一回目の移植にもかかわらず二回目の応答「6日後脱落」を示したことから，リンパ球(B系統へのキラーT細胞)は移植への拒絶反応の中心的な役割をもつことが推定される。対比して，血清(B系統への抗体)は移植への拒絶反応に関与しないことが推定される(→⑥)。

問2　実験4の結果について考察する。
実験4-AとBの子のリンパ系器官の細胞(T細胞)をA₆に入れることで，A₆はB系統に対して自己と認識する＝B系統を抗原として認識する反応性が失われてしまった(自己寛容)。よって，A₆はBを自己と認識する。しかし，Cに対しては変わらずに，非自己と認識する。

問3　すい臓は「外分泌(消化液を分泌する)器官」と「内分泌(ホルモンを分泌する)器官」の両面をもつ。肝臓は「生体内の化学工場」と「大型物質の排出」の役割を担う。甲状腺は内分泌器官，だ腺は外分泌器官である。

第4部 生物の多様性と生態系

確認テスト1

1 【解答】(1) ①光補償点　②光飽和点
③見かけの光合成速度
④呼吸速度　⑤光合成速度
(2) 階層構造　(3) (ア)高木層
(イ)亜高木層　(ウ)低木層
(エ)草本層
(4) (エ)層の植物，陰生植物

【解説】(1) ③見かけの光合成速度＝⑤光合成速度－④呼吸速度，で表される。
④呼吸速度は光の強さが変化しても一定であるとみられてきたが，呼吸速度は光が強くなると小さくなることがわかってきた。ただ，この問題の図1では，呼吸速度が一定であるものとして表している。
(4) A植物は陰生植物で，光補償点が小さいので弱い光で生育できる。光飽和点が小さく，強い光があたっても光合成速度は大きくならない。B植物は陽生植物で，光補償点が大きく，弱い光では生育できない。光飽和点が大きく，強い光で高い光合成能力を発揮する。

> **POINT**
> 見かけの光合成速度＝光合成速度－呼吸速度
> (陰生植物)　光補償点・光飽和点：小さい→弱い光でも育つ
> (陽生植物)　光補償点・光飽和点：大きい→強い光でよく育つ

2 【解答】(1) 遷移　(2) ①(ア)　②(エ)
(3) (a)草原　(b)陽樹　(c)陰樹
(4) 非生物的環境：光
作用：陽樹林の林床は暗くなるので陽樹の幼木は生育できないが，陰樹の幼木は生育できるので，時間とともに陽樹林から陰樹林に移行させる。
(5) 極相，(エ)

【解説】(2) この問題の図で扱われている

遷移は模式的に表したものである。つまり，実際には，裸地・荒原→草原→低木林→陽樹林→陽樹と陰樹の混交林→陰樹林（極相）に至る遷移のようにならないことが多い。極相をつくる陰樹の老木が枯死（倒木）したときや，遷移の途中で台風や土砂崩れ・雪崩・洪水などのかく乱が起きたときなどに，遷移は部分的に逆戻りしているといえる。
(4) 遷移の(b)陽樹林から(c)陰樹林への移行は，光環境の変化にともなって起きるものである。遷移の初期では，土壌の形成が関係している。
(5) 遷移の(c)陰樹林(極相)でも安定した状態が続くわけではない。倒木は森林のどこかで度々起きており，ここにできたギャップが小さければ林床に届く光が弱いので陰樹が育つ。ギャップが大きければ林床に届く光が強いので陽樹が成長してくる。つまり，陰樹林の中に陽樹がモザイク状に分布する。

> **POINT**
> （遷移のモデル）裸地・荒原→草原→低木林→陽樹林→陽樹と陰樹の混交林→陰樹林（極相）
> ギャップ（小）→林床に弱い光→陰樹が育つ
> ギャップ（大）→林床に強い光→陽樹が育つ→極相林（陰樹林）に陽樹が混じる

3 解答 (1) ①j，雨緑樹林 ②f，熱帯多雨林 ③h，ステップ (2) ア－気温 (3) イ－低，ウ－高

解説 (1) ①東南アジアで雨季と乾季がある地方に成立するバイオームは，乾季に落葉する雨緑樹林である。②熱帯多雨林の樹高は，高いものでは50mに達する。樹高が高く，つる植物・着生植物も多いとあるので，熱帯多雨林が適当であろう。③バイオームで草原といえば，熱帯地方に広がるサバンナか，温帯地方のステップである。気候が「乾燥と冬の低温」とあるので，ステップ（温帯草原）が適当で

ある。
(2) バイオームを決める気候要因は，降水量と気温である。(3) 図で，降水量の多・少で4種類のバイオームがみられるのが，気温の高い熱帯地方である。ウが「高」と答える。

> **POINT**
> 世界のバイオーム
> （気温の高い地方）降水量「多」→「少」の順に，熱帯多雨林→雨緑樹林→サバンナ→砂漠
> （降水量の多い地方）気温「高」→「低」の順に，熱帯多雨林→亜熱帯多雨林→照葉樹林→夏緑樹林→針葉樹林→ツンドラ

4 解答 (1) B－(イ) C－(ウ) D－(エ) E－(ア) (2) (イ)
(3) B－(ウ) C－(イ) D－(エ) E－(ア) (4) ア

解説 (1) 日本列島を南から北に平地を移動すると，バイオームは亜熱帯多雨林→照葉樹林→夏緑樹林→針葉樹林へと変化する（水平分布）。ある緯度でのバイオームは，平地から標高が高くなるにつれて気温が下がるので，南から北への水平分布の変化と同じ順にバイオームが変化する（垂直分布）。
(2) (ア)照葉樹の葉は厚いクチクラ層でおおわれ，夏の高温・乾燥期に葉から水分が逃げるのを防ぐ。
(イ)夏緑樹は冬に葉をつけていても，低温で光が弱く，光合成が十分できないので落葉する。その前に，紅葉・黄葉するものが多い。
(ウ)針葉樹の葉はとがっているものが多く，クチクラ層におおわれ，冬の低温に耐えられるつくりとなっている。
(4) 垂直分布で，バイオームが森林であるのは(E)から(B)までで，図の(A)は高山植物や低木のハイマツがみられる高山草原である。

> **POINT**
> （日本列島の水平分布）南から北，すなわち気温「高」→「低」の順に，亜熱帯多雨林→照葉樹林→夏緑樹林→針葉樹林
> （日本列島の垂直分布）標高「低」→「高」，すなわち気温「高」→「低」の順に，水平分布と同じ順に変化

確認テスト2　p.186・p.187

1 【解答】(1)　(ア)作用　(イ)環境形成作用　(ウ)有機　(エ)生産　(オ)消費
(2)　光，温度，水，湿度，酸素，二酸化炭素，土壌などから3つ選ぶ。
(3)　分解者

【解説】(3)　消費者は，生産者が生産した有機物を直接または間接的に取り込んで栄養源にする生物をいうので，菌類や細菌なども消費者の一部に含まれる。消費者のうちで，枯死体・遺体・排出物に含まれる有機物を無機物に分解する生物は，特に分解者とよぶ。

> **POINT**
> 生態系の成り立ち
> 　　　　　　　作用
> 非生物的環境 ⇄ 生物
> 　　　　　環境形成作用
> 生物＝生産者と消費者（分解者も含む）

2 【解答】(1)　(a)(エ)　(b)(イ)　(c)(ウ)　(d)(ア)
(2)炭素は生態系を循環するが，エネルギーの流れは一方向で，循環しない。
(3)　①(イ)　②(ウ)　③(ア)
(4)　(ウ)　(5)　(e)(ウ)　(f)(エ)　(g)(ア)

【解説】(3)　①②植物が光合成により有機物を合成する働きは，光エネルギーを化学エネルギーに変換する働きである。
③生物は呼吸などにより有機物から化学エネルギーを得るが，その過程で，一部は熱エネルギーとなって宇宙に放散する。

(4)　一般に，栄養段階が下位のものほど生物量(生体量)は多い。
(5)　矢印(f)は，生産者が光合成を行うときに大気中から吸収する二酸化炭素の移動を示す。矢印(e)は，生物(a)(b)(c)(d)が呼吸により大気中に放出する二酸化炭素の移動を示す。

> **POINT**
> 炭素は生態系を循環する。エネルギーの流れは一方向で，生態系外(宇宙空間)に放出される。

3 【解答】(1)　窒素固定，(生物名)アゾトバクター，クロストリジウム，ネンジュモ，根粒菌から2つ選ぶ。
(2)　窒素同化，(ウ)(エ)(オ)(カ)
(3)　根粒菌　(4)　脱窒素細菌
(5)　工場で窒素肥料を合成するなど工業的固定を行っている。

【解説】(1)　窒素固定と窒素同化は，間違えやすいので注意する。アゾトバクターとクロストリジウム，根粒菌は細菌(窒素固定細菌という)，ネンジュモはシアノバクテリアである。これらの微生物は，大気中のN_2をNH_4^+につくり変える。
(2)　(ア)炭水化物，(イ)脂肪をつくる元素はC，H，Oで，Nは含まない。(ウ)タンパク質，(エ)核酸(DNA，RNA)，(オ)クロロフィル，(カ)ATP(アデノシン三リン酸)をつくるには，Nが必要である。
(5)　工業的に空気中のN_2を固定し(NH_4^+につくり変える)，化学肥料を生産している。これが農地に大量に投入され，生態系の窒素を増加させている。

> **POINT**
> 窒素固定…窒素固定細菌などが大気中のN_2を取り入れ，NH_4^+を放出すること。
> 窒素同化…植物が土壌中のNH_4^+，NO_3^-を吸収して有機窒素化合物を合成すること。

4 【解答】(ア)生態系のバランス　(イ)自然浄化　(ウ)窒素　(エ)富栄養化　(オ)

アオコ(水の華) (カ)赤潮 (キ)生物濃縮 (ク)排出 (ケ)外来生物
(1) 大量発生した植物プランクトンなどの遺体が分解されると，酸素が消費され海水が低酸素状態になり，魚介類が死ぬ。また，魚のエラにプランクトンがつまって呼吸ができなくなる。プランクトンの中には毒を生産するものがあり，その毒によって魚介類が死ぬ。
(2) 植物－セイヨウタンポポ，セイタカアワダチソウ，オオカナダモ
動物－オオクチバス，ブルーギル，ジャワマングース，アメリカザリガニ，ウシガエル，カダヤシ などから1つずつ選ぶ。

解説 (ア)生態系は常に変動しており，その変動が一定の範囲内にあることを「生態系のバランス」とよぶ。
(イ)自然浄化は，微生物により有機物が分解されることだけではなく，希釈や沈殿も含む概念である。
(キ)生物濃縮は，有害物質が生物体内に蓄積することのみをいうのではない。
(ケ)外来生物は，時として移入先で猛烈に増えて生態系のバランスをくずし，在来種を減少させることがあるのはなぜか。生物は，長い進化の歴史の中で，「食う－食われる」の関係や競争の関係の中を生きのびてきた。つまり，ある種の生物のみが増えすぎないように調節されてきた。ここに外来生物が移入されると，捕食者や競争相手，病原体などがいない，在来種が外来生物の捕食に対して身を守る術をもたないというようなことが起きる。そのため，外来生物が一気に増えることがある。
(2) 身近なところでみられる外来生物は，あげればきりがないほど多い。クズのように，日本から外国に移入されて猛烈に増えて，生態系のバランスをくずしている生物もいる。

POINT 生態系のバランス…生態系はかく乱により常に変動しているが，その変動が一定の範囲に保たれていること。
生態系のバランスをくずす例…河川や湖沼などの富栄養化，有害物質の生物濃縮，外来生物の移入，森林の過度の伐採，地球温暖化など

センター試験対策問題 p.188～p.190

1 **解答** 問1 ②⑥(順不同) 問2 ⑥
問3 ②

解説 問1 ①正しい。②誤り。遷移の初期に現れる先駆植物は，多くの小さな種子を遠くに飛ばして，裸地などに生育域を広げる。遷移の後期に出現する極相樹種では，発芽したときに十分な光を得ることができない場合が多いので，栄養分をたくさん蓄えた大きい種子をつくる。
③正しい。⑥誤り。先駆植物は，強い光のもとでよく成長する陽生植物であることが多いが，幼植物の耐陰性(光の弱いところでも育つ性質)は低い。極相樹種は，幼植物には耐陰性は高く，成長は遅い陰樹が多い。
④⑤正しい。遷移の初期では土壌中の養分も少ないので，草本または低木が多くみられる。これらの植物は，成体でも背丈は低く，寿命も短い。遷移の後期に出現する極相樹種の成体は大きく成長し，寿命も長い。
問2 ⑥が正しい。極相を構成する樹種は主として陰樹で，その林床で生育している植物は主として陰生植物である。大きなギャップができると，陽樹が生育することがある(問3で解説)。
問3 高木や亜高木が枯れたり倒れたりしてできる空間をギャップという。
①誤り。陽樹の幼木以外に陰樹の幼木も生育する。
②極相の高木・亜高木の幼樹は耐陰性が

あり，林床でも生育している。ギャップができると，これが成長を始める。③誤り。低木層の陰樹は，ギャップに差し込んだ光で枯れることはない。④誤り。低木層の植物に光が当たることで，種子をつけることはない。

POINT
先駆植物…種子「小さい」「多い」
→遠くに飛ばす
極相樹種…主に陰樹・陰生植物。ギャップでは陽樹が育つことがある。

2 解答 ア―④，イ―①，ウ―⑦

解説 土壌中の有機物は，一般に，気温の高い地域では分解が速く，気温の低い地域では分解が遅い。
ア．「秋から冬に枯れ落ちた広葉」と書かれているので，夏緑樹林があてはまる。タイガ(針葉樹林)の葉は，広葉ではない。ツンドラ，山地草原では，昆虫・ヤスデなどの節足動物やミミズが生息できる有機物が供給されない。
イ．スゲ類，コケ類，地衣類などが多くみられ，土壌有機物の分解速度がきわめて遅いのは，気温が低いツンドラである。ステップは温帯草原ともいわれ，イネ科の草本が多くみられる。
ウ．きわめて多種類の植物が繁茂し，土壌有機物の分解速度が速いのは，高温多雨の熱帯多雨林である。サバンナは熱帯地方のやや乾燥した地域に分布し，イネ科草原に低木が点在している。熱帯多雨林と比べると，植物の種類は少ない。

POINT
土壌中の有機物…「高温」→分解が速い。「低温」→分解が遅い。

3 解答 ①⑤

解説 この実験は，ペイン(米国)がある湾の岩場の潮間帯(満潮時と干潮時の海面にはさまれた場所)で行ったものである。栄養段階が一番上のヒトデの存在により生物の多様性が維持されている。ヒトデのように，生態系のバランスを保つのに重要な役割を果たしている生物をキーストーン種という。

①誤り。ヒザラガイとカサガイは，もともとエサである紅藻をめぐって競争しながら共存しているので，このことが，両者が消滅した理由にはならない。問題文に，「イソギンチャクと紅藻は，増えたイガイやフジツボに生活空間を奪われて，ほとんど姿を消した」と書かれているので，これが理由である。
②正しい。イガイとフジツボの多くはヒトデに捕食されていたために，個体数の増加が抑制されていた。ヒトデがいなくなれば，イガイやフジツボは増加する。
③正しい。最上位捕食者であるヒトデを除去すると，フジツボやイガイが増えて岩場を占領するために，紅藻が生育する場所がなくなる。一次消費者であるフジツボやイガイと，生産者である紅藻では栄養段階は異なるが競争は起きている。フジツボやイガイが増えたことで，生息する岩場がなくなったイソギンチャクも減少する。フジツボやイガイは一次消費者，イソギンチャクは二次消費者で栄養段階は異なるが，競争は起きている。
④正しい。③で考えたように，上位捕食者(ヒトデ)の除去によりフジツボ・イガイが増えると，岩場の生息場所を奪われるイソギンチャクと紅藻は減少する。イソギンチャクも紅藻も，ヒトデの被食者ではない。
⑤誤り。上位捕食者であるヒトデの存在は，この図の多様な生物群の生存を保障している。また，問題文で，ヒトデを除去したら「生物群の単純化が進んだ」と書かれていることからも誤りといえる。

> **POINT**
> ペインの実験…ヒトデが存在しているとき→多様な生物が共存→生態系のバランスが保たれる
> ヒトデを取り除くと→多様な生物の共存ができなくなる→生態系のバランスが崩れる
> キーストーン種…生態系のバランスを保つのに重要な役割を果たす生物

> **POINT**
> 自然浄化…河川などの汚れが，分解者の働きや沈殿・希釈により減少すること。
> 河川の有機物→好気性細菌→原生動物→NH_4^+→NO_2^-→NO_3^-→藻類

4 **解答** 問1 (1)—③，(2)—①，
  問2 (1)—①　(2)—⑨，(3)—③

解説 問1 図1で，汚水流入と同時に相対量が急激に多くなっているグラフBは，汚水の有機物量である。有機物が急増すると，これを栄養源とする好気性細菌(酸素を使ってエネルギーをつくる細菌)が増える。しばらくすると，この細菌を食べる原生動物が増える。この頃には有機物は好気性細菌などによって分解されて減少し，かわって NH_4^+(アンモニウムイオン)，NO_3^-(硝酸イオン)などの栄養塩類が増加する。その結果，藻類が増加する。よって，グラフAは細菌，グラフDは原生動物，グラフCは藻類の相対量を示す。

問2 図2で，汚水が流入と同時に急増しているグラフFが水中の有機物量である。有機物を栄養源とする好気性細菌が増加すると酸素が消費され，溶存酸素(水中に溶けている酸素)の量が減少する。溶存酸素は，藻類が増加すると水中に酸素が供給されるので，再び増加する。したがって，溶存酸素の相対濃度を示すグラフはEである。有機物が好気性細菌によって分解されると NH_4^+ が増加する。NH_4^+ は硝化菌によって酸化され，NO_2^- を経て NO_3^- になる。このことから，グラフGとグラフHを比べたときに，先に増加するグラフGが NH_4^+ の相対濃度で，あとで増加するグラフHが NO_3^- の相対濃度である。

さくいん

あ

rRNA ································ 79
RNA ································· 78
RNA ポリメラーゼ ········· 81
アカガシ ················ 152, 160
赤潮 ······················· 178, 179
アカマツ ························ 156
亜高山帯 ························ 163
亜高木層 ························ 152
亜硝酸菌 ························ 175
アセチルコリン ············· 115
アデニン ···················· 36, 61
アデノシン ······················ 36
アデノシン三リン酸 ······ 36
アデノシン二リン酸 ······ 36
アドレナリン ········ 121, 123
アナフィラキシーショック
 ·· 136
亜熱帯 ···························· 160
亜熱帯多雨林 ················ 160
アポトーシス ················ 137
アミノ酸 ···················· 78, 82
アミラーゼ ················ 37, 39
アメーバ ·························· 19
アメリカザリガニ ········ 183
アレルギー ···················· 136
アレルゲン ···················· 136
アンチコドン ·················· 83
アントシアン ·················· 21
アンモニウムイオン ···· 174

い

異化 ···························· 34, 35
イガイ ···························· 177
鋳型 ···························· 70, 81
維管束 ······························ 13
維管束系 ·························· 13
一次応答 ························ 135
一次消費者 ···················· 170
一次遷移 ························ 155
一年生植物 ···················· 150
遺伝 ································ 9, 57
遺伝子 ·························· 9, 57
遺伝子組換え ·················· 87
遺伝子診断 ······················ 87
遺伝子治療 ······················ 87
イヌビワ ························ 152
陰樹 ······················· 151, 156
インスリン ······ 85, 122, 123
陰生植物 ························ 151
インターロイキン ········ 132

う

ウイルス ····················· 15, 59
ウシガエル ···················· 182
ウメノキゴケ ················ 155
ウラシル ·························· 78
運動神経系 ···················· 113

え

エイズ（AIDS） ············ 139
HIV ·························· 81, 139
エイブリー ······················ 59
A ······························· 61, 78
A 細胞 ···························· 121
ATP ················ 11, 36, 41, 44
ADP ································· 36
ATP 合成酵素 ········· 42, 45
液胞 ···························· 21, 22
液胞膜 ······························ 21
S 期 ···························· 72, 73
エネルギー ············· 34, 172
エネルギー吸収反応 ····· 34
エネルギーの移動 ········· 34
エネルギーの通貨 ········· 36
エネルギー放出反応 ····· 34
mRNA ················ 25, 79, 82
M 期 ·························· 71, 73
塩基 ···························· 36, 61
塩基性色素 ······················ 18
塩基配列 ·························· 62

お

オオクチバス ················ 183
オオヒゲマワリ ·············· 15
オコジョ ························ 163
オゾン層 ························ 181
オゾンホール ················ 181
オリーブ ························ 160
温室効果 ················ 173, 181
温室効果ガス ················ 181

か

階層構造 ························ 152
解糖系 ······························ 42
外部環境 ·························· 97
外分泌腺 ················· 12, 113
開放血管系 ···················· 103
外膜 ·································· 20
外来生物 ························ 182
化学エネルギー ············ 176
核 ···················· 16, 17, 18, 22
核小体 ······························ 18
核分裂 ······························ 71
核膜 ···························· 16, 18
核膜孔 ······················ 18, 81
カサノリ ·························· 19
過酸化水素 ······················ 37
化石燃料 ················ 173, 181
カダヤシ ························ 183
カタラーゼ ······················ 37
活性部位 ·························· 39
カバーガラス ············ 27, 29
可変部 ···························· 132
カラマツ ························ 161
夏緑樹林 ························ 160
感覚神経系 ···················· 113
間期 ···························· 71, 73
環境 ································ 149
環境形成作用 ······· 155, 169
肝細胞 ···························· 105
緩衝作用 ·························· 99
乾性遷移 ························ 157
肝門脈 ···························· 105

き

キーストーン種 ············ 177
記憶細胞 ········ 135, 136, 137
器官 ·································· 11
基質 ·································· 39
基質特異性 ······················ 39
基本組織系 ······················ 13
逆転写 ······························ 81
逆転写酵素 ······················ 81

ギャップ……………… 158	ゲノムプロジェクト……… 63	**さ**
ギャップ更新………… 158	原核細胞……………… 16, 17	再吸収…………… 107, 108
休眠芽………………… 150	原核生物………………… 17	最適温度………………… 39
丘陵帯………………… 163	原形質………………… 16, 17	最適pH ………………… 39
共生……………………… 47	原形質流動……………… 29	細尿管………………… 107
胸腺…………………… 130	減数分裂……… 57, 58, 72	細胞………………… 11, 14
極相…………………… 156	原生林………………… 149	細胞液…………………… 21
拒絶反応……………… 138	原尿…………………… 107	細胞群体………………… 15
キラーT細胞	**こ**	細胞質…………………… 17
……………… 130, 137, 138	高エネルギーリン酸結合… 36	細胞質基質…………… 17, 22
銀染色…………………… 23	光学顕微鏡…………… 18, 27	細胞質分裂……………… 71
筋組織…………………… 12	交感神経……………… 114	細胞周期………………… 71
く	交感神経系…………… 113	細胞小器官……………… 17
グアニン………………… 61	後期…………………… 71, 73	細胞性免疫………… 130, 137
クエン酸回路…………… 42	抗原…………………… 129	細胞説…………………… 14
クライマックス……… 156	抗原抗体反応…… 131, 136	細胞内共生説…………… 47
グリコーゲン…… 105, 122	光合成……………… 34, 44	細胞分化………………… 86
クリック………………… 61	光合成色素……………… 20	細胞分画法……………… 26
グリフィス……………… 59	光合成速度…………… 151	細胞壁………………… 17, 22
グルカゴン…………… 121	耕作地………………… 149	細胞膜…………… 14, 16, 22
グルコース	高山帯………………… 163	酢酸カーミン…………… 18
……………… 37, 41, 105, 122	恒常性……………… 12, 97	砂漠…………………… 161
クロモ………………… 157	甲状腺刺激ホルモン	サバンナ…………… 151, 161
クロユリ……………… 163	………………… 118, 120	作用…………………… 169
クロロフィル……… 20, 45	甲状腺刺激ホルモン放出ホルモン	サルオガセ…………… 155
け	………………………… 120	酸化マンガン(IV)………… 37
形質……………………… 57	酵素……………… 37, 85	酸素解離曲線………… 101
形質転換………………… 59	酵素ー基質複合体……… 39	酸素ヘモグロビン…… 100
形成層…………………… 13	抗体……… 130, 132, 134, 135	山地帯………………… 163
系統……………………… 9	抗体産生細胞…… 131, 133	**し**
系統樹………………… 9, 10	好中球………… 102, 129, 130	シアノバクテリア
血液……………………… 98	後天性免疫不全症候群… 139	………………… 17, 47, 174
血液凝固……………… 104	高木層………………… 152	C ………………… 61, 78
血球……………………… 98	後葉…………… 118, 119	G ………………… 61, 78
ゲッケイジュ………… 160	硬葉樹林……………… 160	GFP …………………… 87
結合組織………………… 12	呼吸…………………… 34, 41	G0期 …………………… 72
血しょう………………… 98	呼吸基質………………… 41	G2期 ………………… 72, 73
血小板…………………… 98	コケ…………………… 152	G1期 ………………… 72, 73
血清…………………… 104	コケ植物……………… 155	色素体…………………… 20
血清療法……………… 136	コケ層………………… 152	糸球体………………… 107
血糖……………… 105, 121	骨髄…………………… 130	自己免疫疾患………… 139
血糖調節中枢………… 121	コドン………………… 83	視床下部…………… 118, 119
血ぺい………………… 104	コヨーテ……………… 161	自然浄化……………… 178
解毒作用……………… 105	コラーゲン……………… 85	湿性遷移……………… 157
ゲノム…………………… 63	コルクガシ………… 14, 160	シトシン………………… 61
ゲノムサイズ…………… 63	ゴルジ体…………… 23, 25	シャクナゲ…………… 163
	根粒菌………………… 174	

さくいん 207

シャルガフ	62	
ジャワマングース	182	
終期	71, 73	
集合管	107	
重症筋無力症	139	
従属栄養生物	35	
樹状細胞	129, 131, 133, 137	
受容体	116	
シュライデン	14	
シュワン	14	
純生産量	171	
硝化菌	175	
消化酵素	37	
硝酸イオン	174	
硝酸菌	175	
消費者	169	
上皮組織	12	
小胞体	23, 25	
静脈	100, 102	
照葉樹林	160	
常緑広葉樹	159	
食細胞	129	
食作用	102, 129	
植生	149, 159	
触媒	37	
植物細胞	22, 24	
植物プランクトン	178, 180	
食物網	170	
食物連鎖	169	
シラカシ	156	
自律神経系	113	
腎う	107	
進化	9	
真核細胞	16, 17	
真核生物	16	
神経細胞	13, 15	
神経組織	12, 13	
神経伝達物質	115	
神経分泌細胞	118, 119	
腎小体	107	
腎単位	107	
針葉樹林	151, 161	
森林限界	163, 164	

す

水生植物	157	
水素結合	62	
垂直分布	163, 164	
水平分布	163, 164	
ススキ	156	
スタール	70	
スダジイ	152, 156	
ステージ	27	
ステップ	161	
ストロマ	20, 46	
スライドガラス	27, 29	

せ

生活形	149	
生活様式	149	
生産者	169	
生殖細胞	15	
生態系	11, 169	
生態系のバランス	177	
生態系の復元力	178	
生体触媒	37	
生態ピラミッド	170, 171	
生体防御	129	
セイタカアワダチソウ	182	
成長ホルモン	118, 121	
成長量	171	
生物多様性	183	
生物的環境	149	
生物濃縮	180	
生物量	170	
セイヨウタンポポ	182	
接眼ミクロメーター	28	
接眼レンズ	27	
赤血球	98	
セルロース	17, 44	
遷移	155	
前期	71, 73	
先駆植物	156	
染色体	16, 18, 57	
全身性エリテマトーデス	139	
セントラルドグマ	78	
繊毛運動	129	
前葉	118, 119	

そ

相観	151	
雑木林	149	
造血幹細胞	98, 130	
草原	149	
草食動物	169	
総生産量	171	
相同染色体	57, 58	
相補性	61	
草本層	152	
ゾウリムシ	15, 97	
組織	11	
組織液	98, 102	
組織系	13	

た

体液	97	
体液性免疫	130, 131, 132	
体細胞	15	
体細胞分裂	70	
代謝	34	
体循環	103	
対物ミクロメーター	28	
対物レンズ	27	
多細胞生物	15	
脱窒	174	
脱窒素細菌	174	
多肉植物	161	
多年生植物	150	
タブノキ	160	
単球	102	
単細胞生物	15	
胆汁	105	
炭素	172	
団粒構造	153	

ち

地衣類	155	
チェイス	59	
地上植物	150	
地中植物	150	
窒素	172, 174	
窒素固定	174	
窒素同化	174	
地表植物	150	
チミン	61	
着生植物	159	
中期	71, 73	
中心体	23	
中枢神経系	113	
調節ねじ	27	
頂端分裂組織	13	
貯蔵デンプン	44	
チラコイド	20	

チラコイド膜………… 20, 45
チロキシン…… 118, 120, 123

つ

ツンドラ………………… 161

て

T ………………………… 61
tRNA ……………… 79, 83
DNA ……………… 16, 57, 61
DNA 合成期 …………… 72
DNA 合成準備期 ……… 72
T 細胞 ………………… 130
定常部 ………………… 132
低木層 ………………… 152
デオキシリボース…… 61, 79
デオキシリボ核酸 ……… 57
適応 …………………… 149
鉄ヘマトキシリン……… 23
電子顕微鏡 ……………… 18
電子伝達系 ………… 42, 45
転写 ………………… 78, 80
デンプン ………… 37, 39, 44
転流 …………………… 44
伝令 RNA ……………… 78

と

糖 ……………………… 61
同化 ………………… 34, 35
同化器官 ……………… 34
同化デンプン ………… 44
糖質コルチコイド
  ………………… 118, 121, 123
糖尿病 ………………… 123
トウヒ ………………… 161
動物細胞 …………… 22, 24
動物プランクトン …… 180
洞房結節 ………… 102, 103
動脈 …………………… 100
特定外来生物 ………… 183
独立栄養生物 ………… 35
土壌 …………………… 153
トリプレット ………… 83
トロンビン …………… 104

な

内部環境 ……………… 97
内分泌系 ……………… 113

に

内分泌腺 ……… 12, 113, 116
内膜 …………………… 20
肉食動物 ……………… 169
二次応答 ……………… 135
二次消費者 …………… 170
二次遷移 ……………… 157
二重らせん構造………… 61

ぬ

ヌクレオチド …………… 61

ね

熱エネルギー ………… 176
熱帯多雨林 …………… 159
ネフロン ……………… 107

の

脳下垂体 ………… 118, 119
脳下垂体前葉 ………… 120
ノルアドレナリン …… 115

は

ハーシー ………………… 59
肺炎双球菌 ……………… 59
バイオーム ……… 159, 163
配偶子 ……………… 58, 63
肺循環 ………………… 103
バイソン ……………… 161
ハイマツ ……………… 163
白色体 …………………… 20
バクテリオファージ …… 59
拍動 …………………… 102
ハコネウツギ ………… 156
バセドウ病 …………… 139
バソプレシン ………… 118
白血球 …………… 98, 102
発現 …………………… 78
ハナゴケ ……………… 155
反射鏡 ………………… 27
半地中植物 …………… 150
半保存的複製 …………… 70

ひ

B 細胞 ……… 130, 131, 135
B 細胞（すい臓）………… 122
PCB …………………… 180

光エネルギー ………… 176
光飽和点 ……………… 151
光補償点 ……………… 151
ヒシ …………………… 157
非自己 ………………… 129
ヒストン ………………… 58
非生物的環境 ………… 149
非同化器官 …………… 34
ヒトデ ………………… 177
ヒト免疫不全ウイルス… 139
標的器官 ……………… 116
表皮系 ………………… 13
日和見感染 …………… 139

ふ

フィードバック ……… 120
フィブリノーゲン …… 104
フィブリン …………… 104
フィルヒョー ………… 15
富栄養化 ……………… 178
副交感神経 …………… 114
副交感神経系 ………… 113
副甲状腺 ……………… 120
副甲状腺ホルモン …… 120
副腎皮質刺激ホルモン… 118
複製 …………………… 70
フジツボ ……………… 177
腐植層 ………………… 153
浮水植物 ……………… 157
ブナ …………………… 160
負のフィードバック … 120
ブルーギル …………… 183
プレパラート ……… 27, 29
プロトロンビン ……… 104
フロンガス …………… 181
分解者 ………………… 169
分解能 ………………… 18
分裂期 ……………… 71, 73
分裂準備期 …………… 72
分裂組織 ……………… 13

へ

閉鎖血管系 …………… 102
ペースメーカー ……… 102
ペプチド結合 …………… 85
ヘモグロビン …… 85, 100
ヘルパー T 細胞
  ………… 130, 131, 137, 139

変異……………………87

ほ

放出ホルモン……………118
紡錘体……………………23
ボーマンのう……………107
牧草地……………………149
母材………………………153
母細胞………………70, 71
ホメオスタシス……………97
ポリペプチド………………85
ホルモン…………113, 116
翻訳………………78, 82, 83

ま

マーグリス…………………47
マクロファージ……129, 137
末梢神経系………………113
マツモ……………………157
マトリックス………… 20, 42
マメ科植物………174, 175
マルターゼ……………37, 39
マルトース……………37, 39
マングローブ……………160

み

見かけの光合成速度……151
ミクロメーター……………28
ミズナラ…………………160
水の華……………178, 179
ミトコンドリア
　　………… 20, 22, 41, 47

む

無機触媒…………………37
娘細胞……………………70

め

メセルソン…………………70
メチレンブルー……………29
免疫………………………129
免疫グロブリン…………132
メンデル……………………57

も

モミ………………………161

や

ヤシャブシ………………156
ヤヌスグリーン……………20
ヤブツバキ………………152

ゆ

U……………………………78
有色体………………………20
優占種……………………151

よ

陽樹………………151, 156
陽生植物…………………151
葉緑体………20, 22, 44, 47
抑制ホルモン……………118
ヨモギ……………………156

ら

ライチョウ………………163
ラウンケル………………150
ラウンケルの生活形……150
落葉広葉樹………………160
落葉層……………………153
ランゲルハンス島………121

り

立体構造………………39, 85
リボース………… 36, 78, 79
リボソーム……… 23, 25, 79
林冠………………………152
リン酸………………… 36, 61
林床………………………152
リンパ液……………………98
リンパ球……… 98, 102, 130

れ

レトロウイルス……………81
レボルバー…………………27
レマーク……………………14

ろ

ロバート・フック…………14

わ

ワクチン…………………136
ワトソン……………………61

EDITORIAL STAFF

ブックデザイン	グルーヴィジョンズ
図版作成	青木　隆, 杉生一幸
写真提供	OPO, OADIS, フォトライブラリー, 東京都健康安全研究センター, 日野綾子
編集協力	佐野美穂, 西岡小央里, 内山とも子, 佐藤玲子, 田嶋美裕, 小林幸司 株式会社 U-Tee
図版協力	株式会社新興出版社啓林館, 数研出版株式会社, 株式会社第一学習社, 東京書籍株式会社
DTP	株式会社四国写研
印刷所	株式会社リーブルテック